Klaudia Blasl

111 tödliche Pflanzen, die man kennen muss

111

AF833113

emons:

Bibliografische Information der Deutschen Nationalbibliothek
Die Deutsche Nationalbibliothek verzeichnet diese Publikation in der Deutschen Nationalbibliografie; detaillierte bibliografische Daten sind im Internet über http://dnb.d-nb.de abrufbar.

MIX
Papier | Fördert gute Waldnutzung
FSC® C177064
FSC
www.fsc.org

Cäcilienstraße 48, 50667 Köln
info@emons-verlag.de

Layout: Eva Kraskes, nach einem Konzept von Lübbeke | Naumann | Thoben
Kartografie: altancicek.design, www.altancicek.de
Kartenbasisinformationen aus Openstreetmap,
© OpenStreetMap-Mitwirkende, ODbL
Druck und Bindung: sourc-e GmbH, Köln
Printed in Germany 2025
Erstausgabe 2018
ISBN 978-3-7408-2896-7
Aktualisierte Neuauflage Januar 2026

Vorwort

Sie würgen und schmerzen, berauschen und betäuben, sorgen für Wahnvorstellungen, Schweißausbrüche, Kammerflimmern und Atemstillstand – böse Pflanzen und fiese Kräuter. Manch eine, wie die Dieffenbachie, hat sogar als Folterinstrument gedient. Dennoch sind diese gemeinen botanischen Geschöpfe meist lieblich duftend, angenehm aromatisch oder von betörender Schönheit. Und kommen zudem ganz harmlos daher, im Gartenbeet und in der Blumenvase, als Zimmerpflanze oder Gemüsesuppe.

Wobei der gute alte Paracelsus jedenfalls recht hatte mit seiner allseits bekannten Sentenz:

»WAS IST DAS NIT GIFFT?
ALLE DING SIND GIFFT / UND NICHTS OHN GIFFT /
ALLEIN DIE DOSIS MACHT DAS EIN DING KEIN GIFFT IST.«

Wer kleine Kinder, Haustiere oder eine böse Stiefmutter besitzt, sollte jedenfalls ein scharfes Auge auf potenzielle pflanzliche Übeltäter in seinem Umfeld haben. Denn Vorsicht ist besser als Krankenhaus oder gar Friedhof. Egal ob berauschender Goldregen, tödliche Thujenhecke oder mörderische Aloe vera, vom Genuss wird dringend abgeraten. Doch nicht nur die klassischen Bösewichte wie Tollkirsche, Schierling, Christrose oder Eisenhut haben das Zeug zum Massenmord, sogar rohe Bohnen, Borretsch, Safran oder Muskatnuss tun den Menschen oft wenig Gutes. Ganz zu schweigen von ungewollten diätetischen Effekten, komatösen Anfällen, spontanen Schwangerschaftsunterbrechungen oder akuten Panikattacken.

Immerhin geschahen bis vor etwa 100 Jahren nahezu zwei Drittel aller Vergiftungsfälle durch pflanzliche Übeltäter. Und die Gefahr ist nicht gebannt.

Es gilt nach wie vor: Augen auf! Das kann nicht nur im Straßenverkehr, sondern auch beim Waldspaziergang, der Wohnraumbehübschung und im Kräuterregal Leben retten und den Verdauungstrakt schonen.

111 tödliche Pflanzen

1 Adonisröschen

Ultimatives Diätmittel mit Romantikflair

Ein heiteres Kraut mit einer tieftraurigen Vergangenheit, so präsentiert sich das wahrhaft »legendäre« Adonisröschen. Immerhin soll es den Blutstropfen des schönen Jünglings Adonis entsprungen sein, der seine Liebe zu Aphrodite mit dem Tod bezahlen musste. Angegriffen von Ares in Gestalt eines wilden Ebers, starb er in den Armen seiner schluchzenden Geliebten. Was selbst Mutter Erde derart bekümmerte, dass sie anstelle von Blut und Tränen fortan diese wunderschönen Blumen wachsen ließ. Zumindest in der griechischen Mythologie.

Dabei schaut das goldige Röschen so gar nicht nach Mord, Totschlag und Trübsal aus. Kaum zieht der Frühling ins Land, recken die Adonisröschen ihre schmucken Blüten der Sonne entgegen. Ein herzerwärmender Anblick, zumindest dort, wo diese inzwischen seltene Pflanze, deren Heimat in Sibirien und dem Altai liegt, heute noch gedeiht. Etwa an den Oderhängen rund um Lebus, im eidgenössischen Wallis oder den pannonischen Teilen Österreichs. Früher, als das liebliche Kraut mit seinen gemeinen Inhaltsstoffen noch recht flächendeckend wuchs, wurde es als Mittel gegen Wassersucht, Nierenbeschwerden und Steinleiden allerorts gesammelt. Eine angesichts der gefährlichen Herzglykoside der Pflanze wenig gesundheitsfördernde Idee. Immerhin besitzen Adonisröschen eine ähnliche Giftwirkung wie Fingerhut, die Glykoside werden vom Körper allerdings schlechter aufgenommen. Dennoch sollte man den strahlenden Teufelsaugen besser aus dem Weg gehen. Mehr als zwei Gramm können, als Rohkost, Kräutertee oder Blattsalat genossen, nicht nur schmerzhaft schwer im Magen liegen und die Verdauung wochenlang ungesund beschleunigen, sondern letztlich auch zum Herzstillstand führen. Die Tasse »warme Geißmilch«, die der deutsche Botaniker und Arzt Hieronymus Bock im 16. Jahrhundert empfahl, um das »Gift dieser Wurzel zu dämpfen«, wird keine Rettung sein.

Info Auch als Teufelsauge, Falsche Nieswurz, Ziegenblume, Hühnerfrecker oder Blutauge bekannt. Ein mehrjähriges, krautiges, staudenartiges Hahnenfußgewächs, 25 – 45 Zentimeter hoch, das heute größtenteils unter Naturschutz steht und trockene, sonnige, nährstoffarme beziehungsweise kalkreiche Böden bevorzugt. Große, goldgelbe, schalenförmige Blüten, zarte, gefiederte Blätter und kugelförmige Sammelfrüchte. Blüte: Ende März – Mai | Inhaltsstoffe herzwirksame Glykoside | Vergiftungserscheinung Übelkeit, heftiger Durchfall, Erbrechen, Krämpfe, Sehstörungen, Atemnot, Pulsrasen, Herzkammerflimmern

2 Akelei

Potenzmittel und Liebestrank für Wagemutige

Albrecht Dürer, Leonardo da Vinci und Lucas Cranach der Jüngere haben sie gemalt, die Kirche verehrt sie als ein Symbol des Heiligen Geistes, der Jungfrau Maria sowie der göttlichen Dreifaltigkeit, und Jacobus Theodorus Tabernaemontanus, ein deutscher Arzt, Apotheker und Professor der Medizin und Botanik aus dem 16. Jahrhundert, bezeichnete die »Ackeley« als ein »über die Mass schöns Gewächs«.

Dennoch, so rein, fromm und unschuldig ist diese in Wald und Garten üppig blühende Pflanze nun auch wieder nicht. Im Ranking der »Giftpflanze des Jahres 2018« belegt das graziöse Hahnenfußgewächs sogar den zweiten Platz, gleich hinter dem tödlichen Wunderbaum. Wobei die lieblichen Elfenschuhe bislang noch niemanden bis ins Grab gebracht haben, denn sie enthalten zwar blausäureabspaltende Glykoside, schmecken jedoch abschreckend bitter. Zudem verliert sich die Giftwirkung durch Trocknung und Erhitzung. Frische Säfte aus den Samenkapseln können allerdings ordentlich ins Auge beziehungsweise die Hose gehen. Nicht umsonst stand die Akelei über ein Jahrtausend lang im Ruf, ein probates, aber auch riskantes Potenzmittel zu sein. Mancherorts wurde das »beste Stück« des Mannes mit einer Abkochung der Pflanze gewaschen, um Auferstehungsszenarien im Lendenwirbelbereich zu fördern, oder die Pflanze wurde – wie bei den Meskwaki-Indianern Nordamerikas – mit Schlangenfleisch und Glimmererde zu einem Liebestrank vermengt. Tabernaemontanus hingegen empfiehlt, im Falle mangelnder männlicher Standhaftigkeit »stätig von dieser Wurtzel und dem Samen« zu trinken. Doch bereits 20 bis 30 Gramm Blattwerk oder ein Schnapsglas frisch gepresster Saft machen Schluss mit erotischen Gefühlen. Stattdessen können sich böse Befindlichkeiten wie Atemnot, Ohnmacht, Pupillenverengung, Durchfall und eine hellrosa verfärbte Haut einstellen, Blausäure-Glykoside stehen sogar im Verdacht, krebserregend zu sein.

Info Auch Narrenkappe, Zigeunerglocke, Adlerblume, Glockenblume, Schlotterhose, Stanitzelblume und Elfenschuh genannt. Hahnenfußgewächs, bis zu 80 Zentimeter hohe, krautige Pflanze mit verzweigten, behaarten Stängeln, glockenartigen grünlich violetten Blüten und kräftigen Pfahlwurzeln. Die Samen sind dunkelbraun und besonders toxisch. Blüte: Mai – Juli | Inhaltsstoffe Magnoflorin, blausäureabspaltende Glykoside, Isochinolinalkaloide | Vergiftungserscheinung Blasen und Nekrosen bei Hautkontakt, bei Verzehr Übelkeit, Erbrechen, verengte Pupillen, Durchfall, Herzklopfen

3 Aloe vera

Mörderische »Pille danach«

Aus der Kosmetikbranche ist die Aloe bereits hinlänglich bekannt. Strafft die Haut, verjüngt das Gewebe, kann allerdings auch recht schnell zu ewiger Jugend auf dem Friedhof verhelfen. Die Einnahme der ungeschälten Blätter ist nämlich bestenfalls schwer abführend und schlimmstenfalls tödlich. Früher wurde die Pflanze deshalb oft zu Abtreibungszwecken verwendet. Christian Bachhiesl, der kriminell kundige Leiter des Grazer Kriminalmuseums, dokumentiert in dem Werk »Räuber, Mörder, Sittenstrolche« die letalen Folgen dieser »tödlichen Volksmedizin«: Da befand sich die 21-jährige Magd Marija Pavlin aus Šmarjeta (Krain) 1913 in einer verzweifelten Situation. Zwar konnte die ledige Frau »lesen und schreiben«, wie in der Anklageschrift Vr III 381/13/12 als anscheinend nicht alltäglich vermerkt ist, jedoch fiel der jungen Frau ihr zweijähriges Kind zur Last. »Nun bemerkte sie aber, dass eine Verdoppelung dieser Belastung drohte, war sie doch wieder schwanger geworden. [...] Sie entsann sich eines volksmedizinischen Mittels ... die so genannte ›Iopatka‹, ein aus den verletzten Blättern der Aloe-Pflanze gewonnener Saft, der, wenn man ihn entsprechend behandelt, mit der Zeit zäh wird und erstarrt. Löst man diese Substanz dann in warmem Wasser oder Alkohol, erhält man ein Mittel, das in der Volksmedizin als Abführ- oder Abtreibungspräparat Verwendung fand. Eine Dosis von 0,5–1 Gramm ist effektiv, sie verursacht Blutungen im Unterleib, sieben bis zehn Gramm wirken tödlich.«

Marija Pavlin jedenfalls löste ein nussgroßes Stück in kaltem Wasser auf, was ihr das Leben rettete, denn dieselbe Menge in warmem Wasser wäre tödlich gewesen. So verlor sie nur den Fötus und wurde vor Gericht gestellt. Ähnlich schlimme Erfahrungen machte angeblich Kaiser Otto II., der gegen seine Stuhlverstopfung 16 Gramm Aloe zu sich nahm. Im Jahre 983 erlag der 28-Jährige daraufhin einer schweren Darmblutung.

Info Auch als Wüstenlilie, Bitterschopf oder Unsterblichkeitspflanze bekannt. Dickblättriges, mehrjähriges, meist rosettenförmiges Grasbaumgewächs. Als Zimmerpflanze ebenso anspruchslos wie beliebt. Die Pflanze stammt aus Afrika und besitzt, je nach Art, oftmals gefleckte, lanzettartige Blätter mit gezahnten Rändern. Das gelbe Harz der Außenhaut ist toxisch. | **Inhaltsstoffe** Aloin (abführendes gelbliches Blattharz), das Gel in den Blättern ist kaum schädlich. Stark schwankender Anthrachinongehalt. | **Vergiftungserscheinung** Ab zehn Gramm Blattharz Uterusblutungen, Nierenreizungen, tödliche Darmblutungen, potentiell krebserregend

4 Alpenveilchen

Fischtod und Pfeilgift

Das Alpenveilchen (egal ob Zimmerpflanze oder Frischluftgewächs) gilt als Tausendsassa unter den Heil- und Giftpflanzen. Der Wurzelstock, von Plinius in der »Naturalis historia« als »tuber terrae« (Erdschwamm) bezeichnet, wurde in der Antike als Mittel gegen Schlangenbisse und Milzleiden, als Abwehrzauber, Liebestrank und potentes Abortivum eingesetzt. Im Mittelalter hingegen rührte man bevorzugt Salben aus dem Pflanzenmaterial, um sie auf eiternde Wunden und Geschwüre zu streichen. Was heutzutage als Versuch anmutet, den Teufel mit dem Beelzebub auszutreiben, denn der Pflanzensaft des Veilchens selbst kann schwere Hautreizungen hervorrufen.

Die Giftigkeit des *Cyclamen* war allerdings schon vor Jahrhunderten durchaus bekannt. So bemerkte etwa der alte Heilkundige Dioskorides zum Alpenveilchen: »Es ist dieses Kraut nicht wol jnnerlich zu gebrauchen / dieweil es in seiner Operation zu viel starck ist: Unnd sonderlich sollen sich schwangere Frauen darfür hüten / dann es der Frucht gar leichtlich grossen Schaden thut.« Gefeit vor den üblen Nebenwirkungen der Knolle scheinen allein Schweine zu sein. Menschen hingegen werden und wurden bereits durch acht Gramm ins Jenseits befördert, wobei Blattwerk und Wurzel bitter schmecken, sofern sie nicht fein gemahlen im Kaffeepulver landen. Bei Tieren genügt aufgrund der hohen Toxizität eine entsprechend geringere Menge. Nicht umsonst war Cyclamin als Pfeilgift einst sehr beliebt. Und vielleicht sogar ähnlich wirksam wie die Knollen der Pflanze beim Fischfang. Dazu wurde im Mittelmeergebiet bis vor gar nicht langer Zeit der Wurzelstock mit etwas Ton vermengt und ins Wasser gehängt, wodurch die Fische gelähmt und an der Flucht gehindert wurden. So konnte man sie leicht fangen. Das Gift Cyclamin ist derart stark, dass es angeblich sogar in homöopathischen Arzneimitteln ab der vierten Potenz gefährlich werden kann.

Info Ähnlich der wildwüchsigen Art *Cyclamen purpurascens* syn. *europeum*. Auch Erdbrot, Hasenohr, Schweinbrodt, Kreuzwehkraut, Gichtapfel oder Geißkas genannt. Etwa 20 Zentimeter hohes Primelgewächs mit unterirdischer Knolle und herzförmigen, langstieligen, duftenden Blüten. Dunkelgrüne Blätter mit heller Zeichnung, Blüten weiß, rosa, rot oder lila (Letzteres nur bei der Wildform). Während die Zimmerpflanzen nahezu ganzjährig blühen, ist die Blüte bei der Wildform auf Juni – Sept. beschränkt. | **Inhaltsstoffe** giftige Saponine (unter anderem Cyclamin) | **Vergiftungserscheinung** bei Berührungen Kribbeln der Haut, Reizungen; bei Verzehr ab 0,2 Gramm Knolle toxisch mit Symptomen wie Übelkeit, Durchfall, Blutzersetzung, Kreislaufproblemen, Konvulsionen, Atemlähmung

5 Alraune

Die Königin der Zauberpflanzen

Allein der Name dieser magischen Zwergstaude klingt heute noch Ehrfurcht gebietend. Ein mystisches, sagenumwobenes, legendäres, kriminelles wie heilbringendes Gewächs, das als »Menschenpflanze« bereits im alten Mesopotamien berühmt und berüchtigt war. Jahrhundertelang versah die Alraune ihren – oft lebensbedrohlichen – Dienst als Liebestrank, Narkotikum, Augensalbe oder Mittel gegen Zahnschmerzen, Geschwülste und unerwünschte Schwangerschaften. Sogar als Kampfwaffe hat sie sich bewährt. Schließlich hatten die alten Feldherren weder Panzerfäuste noch Maschinenpistolen zur Hand, da musste man zu List, Tücke und einer ordentlichen Prise Gift greifen. Wie etwa der Numidierfürst Maharbal, der im Kampf gegen aufständische Afrikaner einige Fässer Wein mit Alraunen versetzte und den Rebellen überließ. Berauscht von diesem giftigen Trunk verfielen die Aufständischen erst dem Wahnsinn, dann dem Tiefschlaf, und waren für Maharbal eine leichte Beute.

Als weniger leicht erwies sich der Legende nach allerdings die Ernte dieses Zauberkrauts. Beim Versuch, die Pflanze aus der Erde zu ziehen, stieß die Wurzel angeblich todbringende Schreie aus, vor denen nicht nur Shakespeare und Heinrich Heine warnten, sondern auch Harry Potter. Erst an den Schwanz eines schwarzen Hundes gebunden, konnte man sie gefahrlos in seinen Besitz bringen – und mit ihr reich, gesund und glücklich werden. Auch Goethe besaß ein Exemplar, das er bequem bettete, in kostbare Gewänder kleidete und wöchentlich in Wein zu baden pflegte.

Dabei sieht dieses Nachtschattengewächs mit seinen oberirdischen Teilen gar nicht beeindruckend aus, sondern eher nach Blattspinat, was immer wieder zu lebensbedrohlichen Vergiftungen führt. Erst vor kurzem landete ein Dutzend Süditaliener im Krankenhaus, weil sie das schwarzmagische Kraut mit Wildgemüse verwechselt hatten und deshalb fast den Löffel abgeben mussten.

Info Auch Galgenmännlein, Liebesapfel, Alruniken, Erdmann, Henkerswurzel, Teufelshoden, Drachenpuppe genannt. Niedrig wachsendes Nachtschattengewächs mit Blattrosette und menschenähnlicher, tief reichender Wurzel. Blüht weißlich oder lila und entwickelt kleine, orangerote Beeren. | Inhaltsstoffe Tropanalkaloide, Scopolamin, Atropin, Hyoscyamin | Vergiftungserscheinung Verwirrtheit, Halluzinationen, Herzrasen, erweiterte Pupillen, Zittern, Übelkeit, Lähmung, Koma, Tod

6 Amaryllis

Tödliche Weihnachtsdeko

Wer kennt sie nicht, die prächtigen Blüten des Rittersterns, der pünktlich zur Weihnachtszeit in den meisten heimischen Haushalten Einzug hält? Zwar ist die als »Amaryllis« bekannte südamerikanische »hippeastrum« nicht identisch mit der *Amaryllis belladonna* aus Südafrika, aber schön sind sie allemal beide. Und giftig auch. Wobei die Legende, die sich um die Entstehung der Pflanze rankt, äußerst romantische Züge trägt. So habe sich einst ein wunderschönes Hirtenmädchen in einen unnahbaren Jüngling namens Alteo verliebt, doch jener erwiderte ihre Liebe nicht. Da durchbohrte das Mädchen ihr Herz mit einem goldenen Pfeil, aus den Blutstropfen auf der Erde erblühten wunderbare rote Blumen, die Amaryllis, und der Knabe war so beeindruckt, dass er sich doch noch in die holde Magd verliebte. Happy End. Zumindest in der griechischen Mythologie.

In Wirklichkeit kann der Kontakt mit dieser strahlenden Schönheit aber recht unglücklich machen. Vor allem zur Zwiebel, die der Speisezwiebel gefährlich ähnlich sieht, sollte man einen Sicherheitsabstand einhalten. Lycorin und Ambellin, zwei Giftstoffe, machen nicht nur Schafherden rasch den Garaus (ab 200 Gramm frisches Zwiebelmaterial), ab drei Gramm riskiert auch der Hirte sein Leben. So warnt Meyers Konversations-Lexikon bereits 1888: »Die Zwiebel ist scharf und soll schon in kleinen Gaben ein tödliches Gift sein; in sehr kleinen Gaben erregt sie Erbrechen.« In Afrika sind angeblich Schulkinder nach dem versehentlichen Verzehr einiger Knollen gestorben. Doch weil nicht nur die Zwiebeln, sondern auch die Samen sowie, in geringerem Ausmaß, Blüten, Blätter und sogar das Gießwasser toxisch sind, sollte man die Pflanze auf jeden Fall unerreichbar für Kleinkinder und Haustiere aufstellen. Besonders Katzen trinken manchmal gern aus Blumenuntersetzern, was im Fall der Amaryllis zu Lähmungen, Blutdruckabfall und Kollaps führen kann.

Info Auch Ritterstern oder Narzissenlilie genannt, wobei es lange Zeit Unklarheiten gab und mittlerweile eher die Belladonnalilie (*Amaryllis belladonna*) als »echte« Vertreterin ihrer Art angesehen wird. Kräftige, große Zwiebelpflanze mit riemenförmigen Blättern und trichterförmigen, nickenden Blüten in Weiß, Rosa, Rot oder farbig gemustert. Das Narzissengewächs zählt zu den Winterblühern und stammt aus Südamerika. | Inhaltsstoffe Ambellin, Lycorin | Vergiftungserscheinung Hautreizungen, Schweißausbrüche, Übelkeit, Störungen der Hirntätigkeit, Magen-Darm-Beschwerden, Nierenschädigungen, Benommenheit, schlimmstenfalls Atemstillstand

7 Ambrosia

Spitzenreiter der Allergieauslöser und schuld am »Herbst-Katarrh«

Die Ambrosia zählt zu den wohl »atemberaubendsten« Pflanzen der Welt. Allerdings – und zum Entsetzen aller Pollenallergiker – leider im wahrsten Sinn des Wortes. Eine einzige Pflanze kann bis zu einer Milliarde Pollen produzieren, die tagelang und kilometerweit durch die Luft fliegen, dazu Tausende von Samen, die noch nach Jahrzehnten auf fruchtbaren Boden fallen. Das Beifußblättrige Traubenkraut zählt zu den stärksten Allergenen überhaupt, da schon fünf Pollen pro Kubikmeter Luft zu akutem Schniefen, Schnaufen und Luftschnappen führen. Ganz zu schweigen von den Kreuzallergien, die dieses fiese Kraut beispielsweise mit Melonen, Bananen, Sonnenblumen oder Kamille auslösen kann. Manchmal genügt es schon, die Pflanze zu berühren, um sich eine üble Kontaktallergie mit Blasenbildung, Ekzemen und Hautirritationen einzufangen. Ein negatives Multitalent sozusagen, das erst relativ spät, nämlich 1875, erstmals von dem amerikanischen Arzt Morrill Wyman in seiner allergenen Wirkungsweise erkannt und als »Herbst-Katarrh« beschrieben wurde.

Heute hingegen versetzt dieser bitter schmeckende, allerdings zumindest ungiftige Neophyt ganze Landstriche in Panik. Ausrotten lautet das Gebot der Stunde, bevor ganze Nationen an Heuschnupfen, Asthma und Bindehautentzündung leiden, vielerorts gilt bereits Melde- und Bekämpfungspflicht. Selbst Personen, die nie zuvor unter Allergien gelitten haben, wurden und werden oft zu Opfern der Ambrosia. Ein ordentlicher anaphylaktischer Schock durch das Traubenkraut kann für empfindliche Personen sogar lebensbedrohlich sein. Ganz ohne Wespenstich oder Erdnusskern.

Einer europäischen Studie zufolge wurde bereits bei mehr als 60 Prozent aller Patienten mit Atemwegsproblemen eine Sensibilisierung auf Ambrosiapollen festgestellt, in der Schweiz wird das schleimhautreizende Kraut mittlerweile per Gesetzeserlass bekämpft.

Info Auch als Beifuß-Ambrosie, Beifußblättriges Traubenkraut, Ragweed, Wilder Hanf oder Asthmakraut bekannt. Die ursprünglich aus Nordamerika stammende Pflanze aus der Familie der Korbblütler kam erst um 1860 in Europa an. Das Kraut kann bis zu 160 Zentimeter hoch werden, besitzt behaarte, reich verzweigte Stängel und unscheinbare gelbe, sehr angenehm duftende Blüten. Die Laubblätter sind gefiedert. Blüte: Juli – Okt. | **Inhaltsstoffe** Pollen | **Vergiftungserscheinung** Symptome Ambrosia-Allergie: Schnupfen, Bindehautentzündung, Asthma, Nesselsucht mit Quaddelbildung, Juckreiz im Mund bei Verzehr bestimmter Nahrungsmittel und Gewürze (unter anderem Karotten, Pfeffer, Paprika, Sellerie), Ödeme an den Lippen, Schleimhautschwellungen und schlimmstenfalls Schockzustände

8 Apfel

Tödlich für Kernbeißer

»*An apple a day keeps the doctor away*«, heißt es in einer bekannten Redensart. Denn Äpfel, genauso wie Birnen, Aprikosen oder Pfirsiche, sind gesund und gut für die Figur. Weiß jedes Kind. Die Geschichte mit dem vergifteten Apfel, dem Schneewittchen erlag, gehört allein ins Reich der Märchen. Das sagt einem schon der Hausverstand. Trotzdem, so stand es in der »Neuen Zürcher Zeitung« zu lesen, musste ein Mann sterben, weil er eine Tasse voller geschroteter Apfelkerne zu sich genommen hatte. Apfelkerne enthalten Amygdalin, das im Körper zur gefährlichen Blausäure umgewandelt wird. Da man Apfelkerne aber üblicherweise nicht zerbeißt, werden diese wieder ausgeschieden, ohne Schaden anzurichten.

Bei Pfirsichen und vor allem Aprikosen (die Wachauer Marille enthält zuchtbedingt weniger Amygdalin) sieht die Sache allerdings schon bedrohlicher aus. Ein bis zwei Milligramm Blausäure pro Kilo Körpergewicht gelten als letal, was – im Falle eines Kindes – etwa zwei bis drei Kernen entspricht. Tod durch Blausäure-Glykoside kommt leider immer wieder vor. Manchmal sogar im Glauben, seinem Körper etwas Gutes zu tun. Eine alternativmedizinische Schule etwa vertritt die Ansicht, Aprikosenkerne würden gegen Krebs helfen. Diesem Irrtum war nicht nur Steve McQueen erlegen, auch ein 56jähriger Franzose und ein 71jähriger Schweizer erlitten beinahe eine letale Zyanidvergiftung. Die Männer hatten jahrelang größere Mengen an. Aprikosenkern-Extrakt, auch bekannt als Laetrile oder Vitamin B17, als Vorbeugung gegen eventuelle Krebserkrankungen zu sich genommen. Der in seinem Blut festgestellte Zynanidwert überstieg wegen dieser lebensgefährlichen Selbstmedikation die Unbedenklichkeitsgrenze um das 25-Fache. Ebenso letal können Pfirsichkerne sein. Mit diesen wurde im alten Ägypten angeblich sogar die Todesstrafe vollzogen.

Info Auch die Kerne von anderem Kern- beziehungsweise Steinobst wie Pfirsich, Marille, Kirsche, Pflaume oder Bittermandel sind, je nach Menge, schädlich bis tödlich. Die Kerne von Steinobst (zum Beispiel Kirschen, Pflaumen, Marillen, Pfirsiche, Mandeln) sowie von Äpfeln enthalten Amygdalin, ein Blausäure-Glykosid, wobei Aprikosenkerne am meisten enthalten können, nämlich bis zu acht Prozent. | Inhaltsstoffe Amygdalin, wird im Körper zu Blausäure umgewandelt | Vergiftungserscheinung Kratzen im Hals, Speichelfluss, Erbrechen, Schwindel, Zyanose, Krämpfe, Bittermandelgeruch, Atemstillstand. Blausäure führt nach einer kurzen Erregungsphase zur Lähmung des Zentralnervensystems, die bereits nach 30 Minuten tödlich sein kann.

9 Arnika

Mountain Tobacco und Abortivum

Arnika gilt seit Jahrhunderten als wirkungsvolle Heilpflanze bei Heiserkeit und als Wundheilmittel bei Quetschungen, Verstauchungen, Schleimbeutelentzündungen und dergleichen mehr. Altem Aberglauben zufolge soll die Bergdotterblume sogar gegen Blitzschlag und Hagel geholfen haben, sofern man sie rechtzeitig unters Dach gelegt hatte. Der heilsame Tausendsassa konnte aber noch viel mehr. Man rauchte ihn als Schnupftabak (englisch: Mountain Tobacco), bekämpfte böse Korndämonen damit, Goethe genoss die Pflanze als Tee (von diesem Genuss wird heutzutage allerdings abgeraten), und zur Entwicklung der Homöopathie hat Arnika ebenfalls einen bedeutenden Beitrag geleistet. Pietro Andrea Mattioli, der Leibarzt von Kaiser Maximilian II., empfahl das Kraut und insbesondere die in Wein getunkte Wurzel sogar als wirksames Gegenmittel bei Krötenbissen, der roten Ruhr oder im Falle einer Opiumvergiftung.

Doch dieses geschätzte Gewächs verfügt auch über recht unheilvolle Seiten. Weidetieren etwa tut sie, mit Ausnahme der Ziege, gar nicht gut. Menschen, die das Wundkraut innerlich anwenden, schadet es durch das stark giftige Helenalin gleichfalls sehr. So können drei Esslöffel einer hausgemachten Tinktur binnen 24 Stunden zu einer Fehlgeburt führen. Bei falsch hergestellten Auszügen, Abkochungen oder Tinkturen riskiert der gesundheitsbewusste Mensch generell ernste Kollateralschäden, die von Gangränen über eiterhaltige Blasen, starke Durchfälle, Kopfschmerzen, Schlafstörungen, Herzklopfen, Atembeschwerden und Angstzustände bis hin zum Exitus reichen. Besonders als Abtreibungsmittel griff man früher gern zu Aufgüssen der schmucken gelben Blüten, was oft einen äußerst schmerzhaften Tod von Mutter und Kind zur Folge hatte. Selbst Badezusätze oder Haarpflegeprodukte können schlimmstenfalls böse allergische Reaktionen auslösen, vor allem bei sehr hellhäutigen, rothaarigen Menschen.

Info Auch als Bergdotterblume, Donnerblume, Wundkraut, Kraftwurzel, Wolfsgelb, Fallkraut, Wohlverleih oder Johannisblume bekannt. Mehrjähriger Korbblütler, der vor allem auf Feuchtwiesen und in gebirgiger Landschaft wächst. Die rosettenförmige Staude hat einzelne dottergelbe, gefiederte Blüten sowie behaarte Stängel. Die Pflanze ist streng geschützt. Blüte: Juni – Aug. | **Inhaltsstoffe** Helenalin, ätherische Öle, Cumarin | **Vergiftungserscheinung** Schleimhautreizungen, Angstzustände, Kopfschmerzen, Durchfall, Magen-Darm-Beschwerden, Schwindel, Lähmungen, Koma, Herzstillstand. Äußerlich angewandt kann Arnika zu schweren Hautirritationen führen.

10 Aronstab

Unheilvolle Wäschestärke und Mittel gegen die Pest

Zwar kommen beim Anblick eines Aronstabs weniger religiöse denn profane – um nicht zu sagen erotische – Gefühle auf, trotzdem scheint diese skurrile Pflanze ihren Namen ausgerechnet der Bibel zu verdanken. So heißt es im Alten Testament, 2. Mose 7, 10: »Und Aaron warf seinen Stab vor den Pharao und vor seine Knechte hin, und er ward zur Schlange.« Also der Stab, nicht der Hohepriester. So gesehen mutet es auch durchaus originell an, dass ausgerechnet dieser »Pfaffenpint« (Pfaffenpenis, umgangssprachlich für den phallusartigen Aronstab) einst als Abwehrzauber gegen Unholde verwendet wurde. Doch das heilbringende wie auch unheilvolle Potenzial der Pflanze war damit längst nicht erschöpft. Tabernaemontanus etwa vermerkt: »Es wirdt der Safft auss diesem Kraut geprest / hoch wider die Pestilentz gerühmet / unnd auch wider andern Gifft mehr.« Eine Ansicht, die auch Hildegard von Bingen teilt.

Der Naturforscher Theophrast (371–287 vor Christus) bezeichnet das hochgiftige Gewächs sogar als essbar, sofern es in Essig gekocht würde. Die Knollen wurden damals aber nicht nur kulinarisch verwertet, sondern auch als Wäschestärke genutzt oder in Form von Pulver nach einem Hundebiss auf die Wunde gestreut. Ein angesichts der Giftstoffe des *Arum maculatum* recht mutiges Unterfangen. Allerdings enthält der Wurzelstock, was bei toxischen Gewächsen eher selten der Fall ist, tatsächlich weitaus weniger Gefahrenstoffe als die Blätter und die roten, glänzenden Beeren. Vor allem Kinder stecken sich immer wieder mal ein paar der hübschen Früchte in den Mund und landen umgehend im Krankenhaus. Weidevieh streckt nach dem Verzehr meistens ganz die Hufe, wobei bereits fünf Minuten nach Einnahme schwere Symptome auftreten können. Das einzig Gute an dieser mörderischen Pflanze: Die süßen Beeren verursachen ein derart starkes Brennen im Mund, dass sich niemand freiwillig den Bauch vollschlagen würde.

Info Auch bekannt als Ekelblume, Eselsohr, Trommelschlägel, Drachenwurz, Kalbswurz, Feuerkolben, Deutscher Ingwer oder Schlangenkraut. Bizarres, bis zu 40 Zentimeter hohes Aronstabgewächs mit grün gesprenkelten, spinatähnlichen Blättern, die im Frühling erscheinen, jedoch verschwinden, bevor die krautige, übel riechende Pflanze mit einem dekorativen Hochblatt zu blühen beginnt. Danach entwickelt die Pflanze in Maiskolbenform angeordnete Beeren. Blüte: April – Mai, Früchte: Juli – Sept. | Inhaltsstoffe Oxalatkristalle, Oxalsäuresalze, Aroin, cyanogene Glykoside | Vergiftungserscheinung Schleimhautreizung, Erbrechen, Krämpfe, Blutungen, angeschwollene Zunge, Hautrötung, Herzrhythmusstörungen, Temperaturabfall, starkes Brennen im Mundraum, Lähmungen des Zentralnervensystems bis hin zum Tod; verliert durch Erhitzung und Trocknung an Giftigkeit

11 Bärenklau

Übler Brandbeschleuniger für die Haut

Noch 1971 hat Genesis den »Return of the Giant Hogweed« klangvoll besungen, während der Rest der Menschheit den Riesen-Bärenklau mittlerweile lautstark verdammt. Allerdings fand die britische Rockband sehr treffende Worte für das invasive Kraut. »Threatening the human race«, heißt es in dem Lied, eine Bedrohung für die menschliche Rasse, und: »*Still they're invincible, still they're immune to all our herbicidal battering*« – noch immer unbesiegbar, noch immer immun gegen all unsere Herbizid-Einsätze.

Dabei wäre das ganze Dilemma gar nicht passiert, hätte Zar Alexander I. dem Fürsten Metternich nach dem Wiener Kongress 1815 nicht ein Gefäß mit Bärenklausamen zum Geschenk gemacht.

Seitdem also plagen sich Menschen und Tiere mit diesem brandgefährlichen Gewächs herum. Mittlerweile scheint es längst zum ökologischen Staatsfeind avanciert zu sein. Jahr für Jahr ziehen ganze Heerscharen von dick vermummten Umwelt- und Hautschutzkriegern aus, um der Pflanze jeden einzelnen Halm zu krümmen. Wobei die Verfechter der totalen Ausrottung nicht ganz unrecht haben, denn die Nutznießer der Pflanze, sieht man von einigen Insekten einmal ab, sind gegenüber den Leidtragenden eindeutig in der Minderheit. Dass Goethe einst so angetan vom Bärenklau war und bemerkte: »Die Pflanze [...] ist dies Jahr in meinem Garten zu einer Kraft, Pracht und Herrlichkeit gediehen, die jedermann erstaunen macht«, mutet heute recht seltsam an. Immerhin verursacht das *Heracleum* nicht nur Erosionsschäden in der Natur und schlimme Erkrankungen beim Weidevieh, es trägt auch Schuld an der schmerzhaften »bullösen Wiesendermatitis« mit üblen Brandblasen. 1974 erlitten acht Kinder aus Hagen schwere Hautschädigungen durch ihn, nachdem sie an einem mit Herkulesstauden bewachsenen Bachufer gespielt hatten. Interessanterweise ist die Staude am Morgen und bei Sonneneinstrahlung besonders ätzend.

Info Auch Herkulesstaude, Bärenkralle oder Kaukasischer Bärenklau genannt. Dieser bis zu drei Meter hohe Neophyt aus der Familie der Doldenblütler sieht eigentlich aus wie der harmlose Wiesen-Bärenklau, abgesehen von seiner gigantischen Statur und der gewaltigen Pfahlwurzel. Mit zehn Zentimeter dicken, rot gefleckten Stängeln, weißen Blüten an riesigen Dolden sowie breit gelappten, gefingerten Blättern. Blüte: Juli – Sept. | **Inhaltsstoffe** Furanocumarine | **Vergiftungserscheinung** phototoxische Reaktionen wie Rötungen, Reizungen, Blasenbildung, Verbrennungen bis zum zweiten Grad, nässende Wunden, Pigmentveränderungen, Schockzustand; kann Bronchialasthma auslösen

12 Berberitze

Gut fürs Kompott, schlecht für die Konstitution

Im Laufe der Jahrhunderte hat dieser winterharte Strauch für endlose Kontroversen unter Ärzten, Chemikern und Pflanzenfreunden gesorgt, denn die einen betrachten die Berberitze als Giftpflanze, die anderen als Heilmittel. Neuesten Untersuchungen zufolge sind allerdings zumindest die roten Früchte absolut unschuldig beziehungsweise unschädlich und wurden bereits von Paracelsus gelobt. Erfrischend saure, aber auch Vitamin-C-reiche Getränke, Gelees oder Kompotte kann man demnach stets daraus machen. Zudem schreibt man dem Sauerdorn – als Saft oder Tee – heilsame Wirkungen bei Gelbsucht, Gicht, Malaria und Menstruationsschmerzen zu. Einem tief verwurzelten Aberglauben zufolge hilft das Gewächs sogar auf besondere Weise gegen Zahnschmerzen, wenn man einen abgeschnittenen Finger- oder Zehennagel unter seiner Wurzel vergräbt.

Dennoch besitzt die Essigbeere auch weniger erfreuliche Seiten. Nicht nur, dass angeblich die Dornenkrone von Jesus Christus aus Berberitzenzweigen geflochten war, auch die Landwirte, so berichtet der Naturforscher Adelbert von Chamisso, »schreiben diesem Strauche eine besonders schädliche Einwirkung auf das Getreide zu« und duldeten ihn keinesfalls in der Nähe ihrer Felder. Mit Recht, wie man heute weiß, denn der Strauch dient als Zwischenwirt des Schwarzrostes, eines Pilzes, der Getreide befällt. Gefährlich für die menschliche Gesundheit sind aber vor allem Wurzeln und Rinde. In dem Werk »Die Nebenwirkungen der Arzneimittel« des bekannten Toxikologen Louis Lewin etwa liest man, dass große Dosen Berberin Diarrhöen, Magendrücken und Appetitlosigkeit verursachen und manchmal auch zu Aufregung, Depressionen, Delirien und Halluzinationen führen. Aufgüsse aus dem Blattwerk hingegen können Nasenbluten, heftige Durchfälle und Krämpfe hervorrufen und führen bei längerer Verwendung zu Nierenschäden, was zwar nicht tödlich, aber doch recht unangenehm ist.

Info Auch als Sauerdorn, Weinäuglein, Geißenlaub, Bubenstrauch, Kuckucksbrot oder Essigbeere bekannt. Bis zu drei Meter hoher Strauch mit dornigen Zweigen, oft mit am Rande gesägten, büschelig stehenden, kleinen Blättern, gelben Blütentrauben und später länglichen roten Beeren. Blüte: Mai – Juni, Früchte: Sept. – Dez. | Inhaltsstoffe Alkaloide, Berberin | Vergiftungserscheinung Magen-Darm-Beschwerden, Nierenreizungen, Benommenheit, Nasenbluten

13 Bilsenkraut

Bierbrauerpflanze, Narkosemittel und Erbschleicherkraut

Bereits in der Antike genoss das Bilsenkraut einen Ruf, um den es jede Femme fatale beneidet hätte. Geliebt, gefürchtet, geheimnisvoll und gefährlich. Mit der Macht über Leben, Tod und geistige Gesundheit. Im geräucherten Zustand diente es einst der orgiastischen Enthemmung, in der griechischen »Odyssee« soll Circe dem Odysseus einen mit Bilsenkraut versetzten Trank gereicht haben, woraufhin dieser dem Wahnsinn verfiel. Auch die alten Römer wussten von dieser delirogenen Wirkung und der damit verbundenen Gefahr, je nach Dosis und körperlicher Konstitution recht schnell vom euphorischen Rauschzustand in eine betrübliche Leichenstarre zu verfallen. Einer Gefahr, die im Mittelalter bei jedem Umtrunk lauerte, wurde das Bier damals ja gleichfalls mit *Hyoscyamus niger* versetzt. Eine wahrhaft berauschende Ingredienz, die erst durch das Reinheitsgebot 1516 aus den Braukesseln verbannt wurde.

Dennoch erfreute sich diese halluzinogene, schmerzstillende und euphorisierende Pflanze über lange Zeit ungebrochener Beliebtheit – vor allem als Flugsalbe für Hexen, als Narkotikum im Operationssaal, als Wundermittel gegen Zahnschmerzen und als wirkungsvoller Abschiedstrunk für Erbtanten und Altbauern, deshalb noch heute gebietsweise als »Altsitzerkraut« bekannt. Wegen der immensen Wirkung – bereits der Verzehr von 15 Samenkörnern oder 0,5 Gramm Wurzelextrakt kann letal sein – war diese hübsche Staude ein Dauerbrenner unter den Giftmischern und Erbschleichern. So schrieb bereits Shakespeare in seinem Theaterstück »Hamlet«: »Da ich im Garten schlief, wie immer meine Sitte nachmittags, beschlich dein Oheim meine sichere Stunde mit Saft verfluchten Bilsenkrauts in einem Fläschchen und träufelt in den Eingang meines Ohrs das schwärende Getränk …«

Heute hingegen riskieren Drogen-Freaks oft freiwillig ihr Leben, wenn sie sich »Traum-Tee« aus dem Garten brühen.

Info Auch als Hexenkraut, Teufelswurz, Zankkraut, Teufelsauge, Hühnertod, Hundsgift oder Zahnwehkraut bekannt. Ein- bis zweijähriges Nachtschattengewächs, 30–80 Zentimeter hoch, mit weichen, zottigen Trieben und gelblichen, violett geäderten, kelchartigen Blüten; Staubbeutel und Blütenschlund ebenfalls dunkel. Die krautige Pflanze verströmt einen eigenartigen, unangenehmen Geruch. Blüte: Juni–Okt. | Inhaltsstoffe Gerbstoffe, Hyoscyamin, Scopolamin, Atropin, Alkaloide | Vergiftungserscheinung anfängliche Euphorie, Bewusstlosigkeit, erweiterte Pupillen, Schluck- und Sprechstörungen, Tobsuchtsanfälle, starke Übelkeit, brennender Durst, Wahnvorstellungen, beschleunigter Pulsschlag und Atemstillstand

14 Birkenfeige

Kaninchentod und Innenraumallergen

Wer kennt sie nicht, die anspruchslosen grünen Zimmerbäume, die zuverlässig vor sich hin wuchern, genügsam mit halbdunklen Ecken vorliebnehmen und bestenfalls einmal pro Jahr mit etwas Bier auf Hochglanz poliert werden? Wobei der *Ficus benjamina* noch einigermaßen im Hausverschönerungstrend liegt, der Gummibaum hingegen nur noch Retro-Charme versprüht. Optisch könnten die Verwandten auch unterschiedlicher nicht sein, inhaltlich weisen sie jedoch zwei bemerkenswerte Gemeinsamkeiten auf. Beide enthalten sie den gleichen Milchsaft, und beide sind sie schlecht für die Gesundheit. Latex, eine Mischung aus Harz, Kautschuk, Furocumarinen und einigem mehr, hat ihnen sogar eine beachtliche Berühmtheit eingebracht. Dank der Entdeckung dieses zähen, klebrigen Milchsaftes konnte man erstmals Bleistift wegradieren oder ein Auto bereifen.

Bei den Giftnotruf-Zentralen hingegen genießt der *Ficus* eine eher traurige Berühmtheit. Immerhin führen diese Arten bei den Zimmerpflanzen auch heute noch unverändert die Anfrage-Statistiken an, was Kinder und Jugendliche betrifft. Der Verzehr einiger Blätter führt oftmals zu Übelkeit, Bauchkrämpfen und Erbrechen, der Kontakt mit Milchsaft kann bei sensiblen Menschen eine Photodermatose auslösen, und Haustiere wie Kaninchen oder Katzen verfielen nach einer üppigeren Kostprobe von drei, vier Blättern in Zuckungen, wurden gelähmt und starben. Selbst Katzen, die ihre Krallen am Gummibaum wetzten, kamen nicht ungeschoren davon. Als Innenraumallergen liegen Birkenfeige und Gummibaum gleichfalls im Spitzenfeld und sorgen mancherorts ganzjährig für tränende Augen, verschnupfte Nasen oder gar einen anaphylaktischen Schock. Eine 32-jährige Frau litt sogar zehn Jahre an einem schweren Heuschnupfen, bevor ihr *Ficus benjamina* als Allergieauslöser ausgemacht werden konnte. Andererseits filtern allerdings gerade die *Ficus*-Arten besonders viele Schadstoffe aus der Luft.

Info Milchsafthaltiges (Latex) Maulbeergewächs, das kleinblättrig (*F. benjamini*) oder großblättrig (*F. elastica*) sein kann, aber stets immergrün ist mit beachtlicher Wuchshöhe. | **Inhaltsstoffe** unter anderem Furanocumarine, Flavonoide, Proteine | **Vergiftungserscheinung** Hautreizungen, Allergien, Übelkeit, Erbrechen

15 Blauregen

Architektonische Würger und Kindsverführer

Der oft als »mächtiger Schlinger« bezeichnete Blauregen macht seinem Namen alle Ehre. Schon nach kurzer Zeit umschlingt er Mauern und Zäune, Erker und Hausfassaden, Garagendächer und Gartenhütten. So mancher Dachziegel fiel dem ungebremsten Wachstum der Pflanze schon zum Opfer, mancherorts ist sogar von beträchtlichen Bauschäden die Rede. Über zehn Meter können sich die kräftigen Triebe die Wände emporranken, bieten im Gegenzug allerdings einen herrlichen Anblick und himmlische Düfte. Bei günstiger Witterung blühen sie sogar zweimal im Jahr. Die braunen Flecken, die der Pflanzensaft auf der Kleidung hinterlässt und die man selten bis nie wieder wegbekommt, nimmt man dafür gern in Kauf.

Doch ungeachtet der floralen Pracht verfügt die Glyzinie auch über wahrhaft mörderische Reize. Es macht also durchaus Sinn, dass das Hexenhaus im Wisteria Walk in »Harry Potter« gerade von dieser Pflanze umwuchert wird. Botanisch bewanderte Menschen wittern umgehend das »Böse«. Gerade beim Blauregen sind alle Teile ausnahmslos giftig: Wurzeln, Rinde, Zweige, Früchte und Samen enthalten Giftstoffe ähnlich dem Goldregen. Haustiere sollten also keinesfalls am Stamm oder einem Ast knabbern, denn das darin enthaltene Wistarin, eine bislang nur im Blauregen identifizierte Substanz, schädigt das Nervensystem und führt schlimmstenfalls zum Atemstillstand. Der bittere Geschmack hat bislang jedoch tödliche Vergiftungen verhindert. In den Früchten und Samen hingegen befinden sich unter anderem Lektine, die schwere Gesundheitsschäden hervorrufen können. Besonders kurios – und leider sehr reizvoll für den Nachwuchs: Bei Berührung explodieren die Schoten mit einem lauten Knall und schleudern ihre Samen heraus. Bereits zwei davon können bei Kindern zu ernsthaften Vergiftungen führen. Der Blauregen wurde 2024 zur Giftpflanze des Jahres gewählt.

Info Oft auch Glyzinie genannt. Aus Asien stammender, sich windender Kletterstrauch aus der Familie der Schmetterlingsblütler mit herrlichen, meist lila gefärbten, duftenden Traubenblütenständen. Der sommergrüne Blauregen entwickelt nach der zweimaligen Blüte (Mai und Juli – Aug.) im Winter ledrige, bis zu 15 Zentimeter große, braune, behaarte Schoten mit bohnenartigen Samen, die im Reifezustand explodieren. | **Vergiftungserscheinung** Magen-Darm-Beschwerden, Benommenheit, Schlafsucht, Krämpfe, Gesichtsblässe, Kopfschmerzen, weite Pupillen, Lähmungserscheinungen, Delirium, Kreislaufkollaps, Atemstillstand

16 Bogenhanf

Tut dem Blut nicht gut

Gerade mal 50 Jahre ist es her, dass die Schwiegermutterzungen flächendeckend, hübsch auf dem Fensterbrett oder Häkeldeckchen platziert, jedes biedere Heim verschönerten. Und dabei einen zugegeben recht spröden Charme versprühten. Danach fiel die Pflanze mit dem bösen Spitznamen zusehends in Ungnade und galt lange Zeit als peinliches Deko-Accessoire für ewig gestrige Fliesentischbesitzer. Allein in öffentlichen Gebäuden, Krankenhausfluren, Polizeirevieren oder Amtsstuben standen diese sperrigen Gewächse verstaubt und vertrocknet in dunklen Ecken herum. Doch vor einigen Jahren erlebten die anspruchslosen Sukkulenten, aus deren robusten reiß- und wasserfesten Fasern in Afrika einst die Sehnen von Jagdbögen hergestellt wurden, eine gewisse Renaissance. Neue, manchmal exotisch im Leopardendesign gemusterte Formen zogen in den Wohnraum ein, um grüne Kontraste zu metallischen oder gläsernen Werkstoffen zu setzen.

Manchmal, aber zunehmend seltener, wird der Bogenhanf auch als Naturheilmittel genutzt, indem man gekochtes Blattmaterial auf Hautausschläge legt oder lauwarmen Blattsaft als Mittel gegen Ohrenschmerzen verwendet. Generell gilt die *Sansevieria* allerdings nicht als traditionelle Heilpflanze, ganz im Gegenteil. Die oftmals auch als Agaven- oder Mausdorngewächs bezeichnete Schwiegermutterzunge kann recht giftig sein. Besonders Kinder und Katzen beißen immer wieder gern in die fleischigen Blätter, was zu besorgten Anrufen beim Giftnotruf oder örtlichen Krankenhaus führt. Die in der Pflanze enthaltenen schädlichen Saponine verursachen beim Verzehr nicht nur heftiges Erbrechen, Bauchkrämpfe und Durchfall, sie weisen sogar eine blutzersetzende Wirkung auf. Besonders Katzen, die in Ermangelung von Katzengras mal am Bogenhanf knabbern, reagieren rasch mit Bewegungsstörungen, Blutungen, Schleimhautreizungen und fallen schlimmstenfalls ins Koma.

Info Auch bekannt als Schwiegermutterzunge, Bajonettpflanze, Lanzettenrose, Speerblatt oder afrikanischer Sisal. Immergrüner Sukkulent aus der Familie der Spargelgewächse mit spitz zulaufenden, ledrigen, lanzettförmigen Blättern. Die rosettenbildende Pflanze erscheint stammlos und wird bis zu einem Meter hoch. Die Blätter sind gefleckt, marmoriert oder mit Randstreifen versehen, Blüten werden bei Zimmerhaltung nur selten gebildet. | **Inhaltsstoffe** Saponine | **Vergiftungserscheinung** Übelkeit, Magen-Darm-Beschwerden, Zersetzung roter Blutkörperchen

17__Bohne

Rohkost für Selbstmörder

Gesund soll unser Essen sein, vitaminreich und nahrhaft. Besonders Veganer müssen auf eine ausgewogene Kost achten, um nicht ungewollt wegen Nährstoffmangel körperliche Schäden zu erleiden. Da bieten sich einfach zu kultivierende Hülsenfrüchte als idealer Nährstofflieferant an. Wie eben die Bohne. Doch gerade diese knackigen Hülsenfrüchte voll wertvoller Aminosäuren haben durchaus wenig appetitliche, also genau genommen sogar toxische Seiten. Schuld daran trägt das Phasin, das schädlich für Stoffwechsel und Darmzotten ist. Es lässt die roten Blutkörperchen verklumpen, führt zu blutigem Erbrechen, bei höheren Dosen treten auch Krampfanfälle und Schockzustände auf. Wobei ein Kind bereits nach dem Genuss von vier bis sechs rohen Samen (also Bohnen) auf der Intensivstation landen kann. In deutschen Giftinformationszentren wird sogar explizit vor Bohnen und deren rohem oder nur »bissfestem« Genuss gewarnt. Im Interesse der Gesundheit müssen Bohnen über 15 Minuten bei mindestens 80 Grad gekocht werden (Kochwasser bitte nicht weiterverwenden), um ungefährlich zu sein.

Die Risiken und Nebenwirkungen von Bohnen beschränken sich also keinesfalls nur auf das Tönchen pro Böhnchen. Im antiken Griechenland existierte sogar ein »Bohnen-Tabu« das den völligen Verzicht auf diese Hülsenfrüchte nahelegte, nur das Orakel von Delphi durfte sie verwenden. In Westafrika hingegen wurden mit toxischen Kalabar-Bohnen Gottesurteile vollstreckt oder Bohnen-Duelle ausgefochten. Besondere Fieslinge sind die Paternosterbohnen beziehungsweise -erbsen, bei denen es Tage dauern kann, bis deren noch viel stärkeres Gift (Abrin) seine Wirkung tut. Dann aber ist es garantiert tödlich. Die schmucken Samen werden immer noch aufgefädelt als Rosenkranz oder Kette verkauft. Sogar Privatdetektiv Hercule Poirot stößt in den »Monogramm-Morden« auf Paternostererbsen als Tatwaffe.

Info Auch Grüne Bohne, Bohnschote, Fisole, Busch- oder Stangenbohne genannt. Achtung: Kichererbsen (*Cicer arietinum*) und Saat-Platterbsen (*Lathyrus sativus*) sind roh gleichfalls giftig. Einjähriger Schmetterlingsblütler, entweder niedrig als Buschbohne oder hochwachsend als Stangenbohne. Vor den nierenförmigen Schoten / Hülsen erscheinen kleine weiße, rote oder rosafarbige Blüten. Mittlerweile können die traditionell grünen Bohnen auch weiß, lila, braun, gesprenkelt oder schwarz sein. | **Inhaltsstoffe** giftige Eiweißverbindung (Phasin), Zucker, Aminosäuren, Kieselsäure, Blausäure-Glykosid | **Vergiftungserscheinung** blutiger Durchfall, Krämpfe, Schockzustände, Magenblutungen, Bohnenkrätze (Dermatitis); können ernste Krankheiten wie Lathyrismus (Saat-Platterbse, Kichererbse) oder Favismus (Saubohne) verursachen

18 Borretsch

Grüne Sauce mit Leberschaden

Kaum ein Kraut, dass jahrhundertelang derart in den Himmel gelobt wurde wie der Borretsch. Die beliebte Zier-, Gewürz- und Heilpflanze wurde gebietsweise sogar als eierlegende Wollmilchsau der Botanik gehandelt. Die ideale Pflanze sozusagen, die dem guten Geschmack ebenso dienlich war wie der Gesundheit: abführend und blutreinigend, harn- und schweißtreibend, hilfreich bei Zahnschmerzen, Fieber, Herzrasen und Rheuma. Damit nicht genug, galt die Seelenzier als probates Mittel gegen die Schwermut. So meinte der englische Botaniker und Chirurg John Gerard im 16. Jahrhundert: »Ein aus den Blüten des Borretsch hergestellter Sirup ist gut für das Herz, befreit von Melancholie und beruhigt rasende oder unzurechnungsfähige Personen.« Und lange zuvor soll Plinius über den pflanzlichen Stimmungsaufheller bemerkt haben: »*Ego borago, gaudia semper ago.*« (Ich, Borretsch, bringe immer Freude.)

Dennoch ist dieses anmutige Gewächs mittlerweile selbst bei vielen Heilpraktikern in Ungnade gefallen, weil dessen giftige Inhaltsstoffe – die unaussprechlichen Pyrrolizidinalkaloide – Leber und Milz ordentlich schädigen können. Angesichts dieser neuen Erkenntnisse hat die beliebte grüne Frankfurter Sauce schon so manchem Deutschen schwer im Magen gelegen. Heute warnt selbst das Bundesinstitut für Risikobewertung vor dem attraktiven Kraut mit dem gurkenähnlichen Geschmack. Wobei die Gefahr vor allem in den Blättern und Stängeln liegt, Blüten, Samen und Öl sind weitaus besser verdaulich. Etwas Grünzeug in Suppe und Salat schadet auch wirklich nicht, selbst wenn ausgerechnet der naturbegeisterte Samuel Hahnemann, Begründer der Homöopathie, dem »Freudenboretsch« wenig abgewinnen konnte: »Der gebräuchlichste Theil sind die unbedeutend riechenden, fade schmeckenden Blumen, denen man eine herzermunternde Kraft, ohne Wahrscheinlichkeit, zuschrieb …«

Info Auch Gurkenkraut, Kukumerkraut, Salatkraut, Sternblümchen, Pfefferkraut, Borgelkraut, Blauhimmelstern, Seelenzier, Wohlgemütsblume und Herzfreudboretsch genannt. Die Gewürz- und Heilpflanze aus der Familie der Raublattgewächse hat sternförmige hellblaue Blüten sowie behaarte Stängel und Blätter. Das krautige Gewächs kann bis zu 70 Zentimeter hoch werden und riecht leicht nach Gurke. Blüte: Mai–Sept. | **Inhaltsstoffe** Pyrrolizidinalkaloide, Samen sind ungiftig und wertvoll | **Vergiftungserscheinung** Leberschädigungen, möglicherweise krebserregend und erbgutschädigend

19 Bucheckern

Nichts für Tiere und Rohköstler

Die Rotbuche gilt als Mutter des Waldes, bedeckte einst riesige Flächen und sorgt durch ihre tiefe Durchwurzelung und ihr Laub für einen gesunden Boden. Aber dieser Baum ist nicht nur schön anzusehen, er diente auch – vor allem in Zeiten der Not – als frei verfügbares »Lebensmittel«. Seine Blätter genoss man als Brotbelag, seine Wurzeln als Kaffeeersatz, und aus den Früchten wurde Öl gepresst, das sowohl Lampen befeuerte als auch zum Braten verwendet wurde. Sogar eine gewisse Heilwirkung sprach man der Buche zu. So vermerkt Samuel Hahnemann: »Der gemeine Mann hat sich der Blätter frisch zerquetscht als ein äußeres Stärkungsmittel beim chronischen Einschlafen der Glieder und im Absud zuweilen gegen böse Hälse als Gurgelwasser bedient …«

Aber wo viel Nutzen, ist oftmals auch viel Schaden. Vor allem die Rösser starben den Bauern regelmäßig weg, weil man ihnen Ölkuchen zu fressen gab. Das »Handbuch der Arzneimittellehre für Thierärzte und Landwirthe« (1839) warnt explizit vor dieser seinerzeit gängigen Praxis. »Pferde erhielten sowohl nach dem Genuss der Buchecker-Ölkuchen, als auch nach dem des Wassers, worin erstere eingeweicht gewesen waren, Zittern, Taumeln, Raserei und Tod.« Und Meyers Konversations-Lexikon konkretisiert 1888, dass sich die giftige Substanz, die auf das Rückenmark wirkt und durch Lungenlähmung und Erstickung tötet, in den Häuten und dem Kern finden würde. Aber auch Menschen riskieren durchaus ihre Gesundheit. Der Staub von Buchenholz soll krebserregend sein, und ein Übermaß an Bucheckern als Knabbergebäck tut auch nicht gut, denn diese enthalten giftige Saponine. Erst durch Rösten oder Übergießen mit heißem Wasser werden die Giftstoffe eliminiert. Der oftmals zitierte Gehalt an Blausäure in den Früchten ist zwar keinesfalls besorgniserregend, doch den Bauch sollte man sich mit rohen Bucheckern nicht vollschlagen.

Info Laubbaum mit hoher Krone, weißgrauer Rinde und eiförmigen, gewellten Blättern. Die Früchte (Bucheckern) sehen aus wie dreikantige Nüsse in einer stacheligen Schale. | Inhaltsstoffe Alkaloide, Fagin, Oxalsäure | Vergiftungserscheinung Mensch: Durchfall, Erbrechen, Übelkeit, Lähmungen; Tier: Taumeln, Zittern, Zuckungen, Krämpfe, Tod

20 Buchsbaum

Henkersmahl für Rinder, Pferde, Schweine, Hund und Katz

Bereits in der Antike war der Buchsbaum allgemein beliebt und wurde gern als Grabschmuck und für Drechslerarbeiten verwendet. Aus seinem besonders harten Holz waren angeblich die berüchtigte Büchse der Pandora, die Flöte der Minerva und sogar Amors Pfeile geschnitzt. Zudem wurde ihm nachgesagt, Unheil, Blitzschlag und Dämonen fernzuhalten. Selbst der Hammer der Freimaurer soll aus diesem Material gefertigt sein. Im Mittelalter zog man mit Hilfe des immergrünen Strauchs in den Kampf gegen Kahlköpfigkeit, Rheuma, Gicht und Malaria. Und Hildegard von Bingen empfahl ganz unbedarft: »Wein, welcher in einem Gefässe aus Buxbaumholz aufbewahrt wird, so dass er davon den Geschmack annimmt, thut dem Magen wohl und macht klare Augen.« Es ist dennoch beruhigend, zu wissen, dass Wein heutzutage meist in slawonischer Eiche lagert, denn das Holz des Strauchs ist nicht nur hart, sondern auch giftig. Unzählige Hausfrauen, Dienstboten und Goldschmiede konnten seinerzeit ein leidiges Lied davon singen. Die einst gängige Praxis, Gold und Silber mit dem Holzstaub des Buchsbaumes zu putzen, bezahlten viele mit schweren Allergien und Asthmaanfällen. Die gefährlichen Stoffe verflüchtigen sich auch durch Trocknung nur sehr langsam, weshalb Zweige in Adventskränzen, Palmbuschen oder Weihnachtsgestecken unverändert schädlich sein können. Zum Glück schmecken Rinde und Blätter sehr bitter, was den Schaden meist in Grenzen hält.

Dennoch wird dieses traditionelle Symbol der Unsterblichkeit seinem Namen nur wenig gerecht. Gerade in der Landwirtschaft sind die Einbußen durch buxinhaltige Zwischenmahlzeiten beträchtlich. Immer wieder strecken Pferde, Rinder und Schweine wegen Einstreu, Weidezaun oder Baumschnitt die Hufe beziehungsweise Klauen. Immerhin sind 750 Gramm Blattmaterial bereits letal, bei einer Katze würden sogar 20 Gramm genügen.

Info Auch als Grabkraut, Beetzaun oder deutsches Ebenholz bekannt. Der sehr langsam wachsende immergrüne Baum mit langen, ledrigen Blättern und blassgelben, unauffälligen Blüten bildet im September kapselartige Früchte mit schwarzen Samen aus. Er kann bis zu 600 Jahre alt werden. Blüte: März–Mai | Inhaltsstoffe Alkaloide (unter anderem Buxin, Parabuxin, Buxinidin), Gerbstoffe, ätherische Öle | Vergiftungserscheinung kann Erregung, später auch Benommenheit und Lähmung hervorrufen, selten epileptische Anfälle, Blutdruckabfall, Magen-Darm-Beschwerden, Schwindel, Krämpfe, Asthma, Kontaktdermatitis, Tod durch Atemstillstand

21 Buschwindröschen

Pfeilgift und Bettlerkrätze

Einerseits genügen angeblich schon 30 frische Pflanzen, um einen erwachsenen Menschen zu töten, andererseits rät der Volksmund zum Wohle der Gesundheit dazu, rasch drei Stück zu essen, sobald man im Frühling die ersten Röschen entdeckt. Dadurch würde man ein ganzes Jahr lang weder Fieber noch Zahnschmerzen bekommen. In gewisser Hinsicht ein durchaus homöopathischer Ansatz, wenn man bedenkt, dass die Waldanemone Protoanemonin und Anemonol enthält, Stoffe, die derart gesundheitsschädlich sind, dass sie im Mittelalter als Pfeilgift verwendet wurden. Zudem können sie die Nieren schädigen und schwere Darmentzündungen hervorrufen. Nur Ziegen scheinen einen etwas weniger empfindlichen Magen zu haben. Für alle anderen jedoch gilt: besser nur schauen, nicht berühren. Und schon gar keine Frühlingssalate, Suppen oder Smoothies damit kreieren. Außer, nun ja …

Allein der Hautkontakt beim Sammeln kann unangenehm werden und – bei sensiblen Personen – schmerzhafte Spuren hinterlassen, weshalb die Röschen weder für die Vase noch als Tafeldekoration taugen. Früher einmal haben sich Bettler mit Hilfe des Pflanzensafts dieser Hexenblume absichtlich schwärende Wunden zugefügt, um mehr Mitleid zu erregen. Und 1831 warnte Dr. Karl Wibmer in seinem Werk über die Wirkung von Arzneimitteln und Giften, dass die Blätter und Blumen einen brennenden Geschmack hätten und brennende Röthe, Blasen und Geschwüre auf der Haut hervorrufen würden. Allerdings verliert die Anemone gleich vielen anderen Hahnenfußgewächsen bei Trocknung viel von ihrer Giftwirkung. Dennoch mag es heute verwunderlich erscheinen, dass gerade das Buschwindröschen seit ewigen Zeiten eine beliebte Heil- und Zauberpflanze war. Sie tat ihren Dienst gegen böse Geister, wurde gegen Warzen, Augenkrankheiten, Lungenentzündungen und Gelenkschmerzen eingesetzt und die getrocknete Wurzel wegen der berauschenden Wirkung sogar geraucht.

Info Bekannt auch als Hexenblume, Waldröschen, Bettbrunzerli, Märzblümchen, Waldanemone, Kopfschmerzblume, Schneetropferl, Hundsveilchen, weißes Waldhähnchen, Kuckucksblume, Pflanze des Todes (China) und vieles mehr. Maximal 30 Zentimeter hohes Hahnenfußgewächs und Halbschattenpflanze, deren Laub im Frühsommer gänzlich einzieht. Gefiederte, zarte Blätter und meist weiße Blüten, die sich bei Regen und in der Nacht schließen und nach unten hängen. Blüte: März–Mai | **Inhaltsstoffe** Protoanemonin und Anemonol | **Vergiftungserscheinung** Übelkeit, Durchfall, Blutungen, Krämpfe, Kollaps, Atemlähmung, Nierenschäden; tödlich für Schildkröten

22 Calla

Schweinefutter und Backtriebmittel

Eins vorweg: Die Calla ist bei Weitem nicht die gefährlichste Pflanze aus der Familie der Aronstabgewächse. Da gibt es wesentlich üblere Gesellen wie etwa den *Aronstab* oder die *Dieffenbachia*. Wobei dieses wildwüchsige Sumpfgewächs oft mit der gleichfalls sehr attraktiven Zimmercalla *(Zantedeschia aethiopica)* verwechselt wird, was angesichts ihrer gesundheitsschädlichen Seiten aber egal ist. Essen sollte man beide nicht. Dennoch wurde ausgerechnet das Rhizom der mittlerweile recht selten gewordenen Schlangenwurz bis vor gar nicht langer Zeit in nördlichen Ländern als Stärkemehl zum Backen von »Missebroed« verwendet. Ob den Menschen der Genuss frischen Drachenwurzbrotes Magenbeschwerden bereitet hat, ist allerdings nicht belegt. Im Vergleich zum tödlichen Mutterkorn oder Taumellolch ist Callapulver im Mehl jedoch weitaus harmloser. Schweine, die in manchen Dingen offenbar wirklich einen »Saumagen« besitzen, laben sich überhaupt sehr gern und völlig unbeschadet an dieser Wurzel. Für den Menschen hat das Rhizom aber wenig zu bieten außer unangenehmen Nebenwirkungen. So schreibt Samuel Hahnemann: »Die fleischige Wurzel besitzt keinen sonderlichen Geruch, aber einen beim Kauen zwar anfangs unmerklichen, dann aber mit steigender Heftigkeit brennenden Geschmack, der viel zähen Speichel herbei zieht, die Lippen taub und blass macht …«

Die Beeren hingegen schmecken etwas milder und wurden, in Wein eingeweicht, einst als riskantes Mittel zur Kräftigung empfohlen. Und das Blattwerk »auf gifftige Biss gelegt, ziehen das Gifft heraus und heilen die Biß«, empfahl der Arzt und Botaniker Lonicerus 1582 in seinem »Kreuterbuch«. Angesichts der ungesunden Oxalat-Raphide und Scharfstoffe in der Pflanze ein eher gefährlicher Rat, da diese Darmentzündungen hervorrufen sowie ätzend auf Mund und Schleimhaut wirken können. Und vom Geschmack ist gleichfalls abzuraten.

Info Auch Schlangenwurz, Drachenwurz, Schweinsohr, Sumpfkalla, Stinkwurz oder Schweinekraut genannt. Bis zu 50 Zentimeter hohes Aronstabgewächs mit unscheinbaren Blüten, die aber ähnlich der Zimmercalla von einem hübschen weißen Hochblatt umgeben sind. Bildet kolbenartige Fruchtstände mit roten, klebrigen Beeren aus. Blüte: Mai–Juni, Früchte: Juli–Aug. | Inhaltsstoffe Oxalat-Raphide, Scharfstoffe (Saponine) | Vergiftungserscheinung Brechreiz, Krämpfe, Reizungen im Mundraum, Blasenbildung auf Zunge und Haut, sehr selten Herzanfälle

23 Christrose

Perfekt zur Brunnenvergiftung und tödliches Wurmmittel

Dass ausgerechnet die Schneerose mit ihrem wahrhaft mörderischen Potenzial in vielen Gegenden nach wie vor als lebensverlängerndes Mittel gebraucht wird, mutet schon etwas eigenwillig an. Andererseits gilt natürlich auch in diesem Fall: Was viel schadet, nützt auch viel. Paracelsus etwa war gleich vielen anderen überzeugt, dass diese Pflanze nicht nur als botanischer Jungbrunnen fungierte, sondern auch gegen Fallsucht, Gicht, Geiz, Taubheit und den Schlag helfe. Zudem wurde die Wurzel auch als Medikation bei Geisteskrankheiten, Verwirrtheitszuständen und Wahnsinn angewandt. Und weil der »Schaden« in solchen Fällen sozusagen im Kopf lag, wurde die Christrose in Form von Schnupftabak verschrieben. Man konnte sich seine Krankheit dann einfach wegniesen, sein Leben allerdings auch, verbunden mit großem Blutverlust aus der Nase. Immerhin sind auch die weniger heilsamen Kräfte der Pflanze schon seit dem Altertum bekannt. Als Solon 600 vor Christus die Stadt Kirrha belagerte, würzte er deren Brunnen mit Christrosenwurzeln, was bei den Bewohnern zu derart heftigen Durchfällen führte, dass sie sich kampflos ergaben. Im vorigen Jahrhundert hingegen starben mehrere Menschen, weil sie *Helleborus*-Extrakte als Wurmmittel zu sich nahmen.

Sogar Selbstmörder griffen gern zu diesem winterharten Kraut. So liest man in Christoph Martin Wielands »Totengesprächen« über den bis in alle Ewigkeiten gequälten Tantalus: »Hätte ich nur gleich einen tüchtigen Schluck Helleborus, ich wollte ihn gewiss nicht verschmähen!« Ein tüchtiger Schluck würde auch gewiss reichen für ein rasches Ende. Denn »zwei Tröpflein machen rot, zehn Tropfen machen tot«, so Ludwig Ganghofer in seinem Roman »Der Klosterjäger« über die Schneerose, die Leben und Tod zugleich ist. Die zwei Tropfen Nieswurzsirup für den Friedenstrunk von Harry Potter scheinen also durchaus richtig dosiert.

Info Auch als Schneerose, Schwarze Nieswurz, Eisblume, Feuerwurzel, Helleborinkraut, Teufelskraut, Märzenkaibl und Wolfszahn bezeichnet. Ausdauerndes Hahnenfußgewächs, das mitten im Winter zu blühen beginnt. Mit ledrigen, gezackten Blättern und scheibenförmigen, großen, weißen bis leicht rosaroten, hängenden Einzelblüten. Die Pflanze kann über 20 Jahre alt werden und hat schwarze Wurzeln. Blüte: Nov.–April | **Inhaltsstoffe** Saponine, Alkaloide, Helleborin | **Vergiftungserscheinung** Herzklopfen, Schwindel, Atemnot, Durst, langsamer Puls, Pupillenerweiterung, Koliken, Rastlosigkeit, Kammerflimmern, Koma, Tod; kann auch haut- und schleimhautreizend sein

24 Christusdorn

Fördert die Erblindung und den Krebs

Weil die *Euphorbia* optisch an die Dornenkrone Christi erinnert, erhielt diese stachelige Schönheit den Namen Christusdorn. Allerdings gab es diese Pflanze zu jener Zeit weder in Europa noch im Vorderen Orient, denn sie wurde erst 1821 vom französischen Gouverneur Baron Pierre Bernard Milius aus Madagaskar mitgebracht. Danach aber legte sie eine fulminante Karriere als exotische Zimmerpflanze hin, erst in den letzten Jahren war sie nicht mehr »en vogue« für die neuen guten Stuben. Dabei ist die Pflanze pflegeleicht und formschön, wie alle Wolfsmilchgewächse aber nicht ganz ungefährlich. Zum einen kann man sich an ihren Dornen ordentlich verletzen, zum anderen sondert das Gewächs bei Verletzungen einen ätzenden weißen Milchsaft ab, der es in sich hat. Wird die Flüssigkeit abgeleckt, kann das zu Blasenbildung im Mund- und Rachenraum, Bindehautentzündung, aber auch zu, meist vorübergehender, Blindheit führen. Gelangt der Saft versehentlich in offene Wunden, muss man mit Schockzuständen rechnen. Immerhin wird eine andere *Euphorbia*-Art in der Wüste Kalahari als Pfeilgift für die Jagd verwendet.

Die hier übliche *Euphorbia milii* hat zwar nicht ganz dieses letale Potenzial, ist aber bestens für langsames Siechtum geeignet, durch eine monatelange Teekur etwa … Vor gar nicht allzu langer Zeit hat die Wissenschaft nämlich eine weitere Eigenschaft der Pflanze festgestellt, und die verheißt nichts Gutes: Der Christusdorn ist ein Co-Karzinogen-Lieferant. Das bedeutet, er kann schlummernde Krebszellen erwecken, mitsamt all den furchtbaren Konsequenzen. Verantwortlich dafür sind bestimmte Diterpenester des Wolfsmilchgewächses. Kaum wurden diese Erkenntnisse einiger Forscher bekannt, mutierte der Sukkulent umgehend zur Panikpflanze Nummer drei neben Riesen-Bärenklau und Borretsch. Und bewies damit, doch nicht so nächstenliebend zu sein, wie es sein Name suggeriert.

Info Auch Dornenkrone und Warzenkraut genannt. Das dornenbesetzte Wolfsmilchgewächs wird hierzulande knapp einen Meter hoch. Mit schmucken roten Hochblättern rund um die winzigen, in Dolden angeordneten Blüten und kleinen, wechselständigen Blättern. Blüte: vorwiegend im Winter, aber auch ganzjährig | Inhaltsstoffe Diterpenester, Triterpene | Vergiftungserscheinung Benommenheit, Augenentzündungen, Mundtrockenheit, starkes Schwitzen, Juckreiz, mehr oder weniger schwere Beeinträchtigung der Sehfähigkeit

25 Dieffenbachie

Schussapparat, Foltermittel und Antikonzeptivum

Diese unscheinbare Pflanze führt in den meisten heimischen Haushalten ein Schattendasein als kaum beachtetes Mauerblümchen. Dennoch hat es das Aschenbrödel der Zimmerbotanik im Laufe der Geschichte zu trauriger Berühmtheit gebracht. Bereits unter den Sklavenhaltern war sie sehr beliebt, wurden mit ihrem Stängel doch missliebige wie aufmüpfige Sklaven gefoltert. Das Kauen dieser Pflanzenteile führte zu einem Anschwellen von Zunge und Schleimhäuten, weshalb die Opfer dieser Tortur oft tagelang unter Atemnot litten. Und zwar wortlos, da sie danach oft wochenlang nicht sprechen konnten, weshalb die Pflanze auch Schweigrohr genannt wird. Zudem kann die *Dieffenbachia* richtig »scharf« schießen. Bei Berührung feuert sie brennende Calciumoxalat-Kristalle ab, die zu mehr oder weniger starken Hautreizungen führen können. Daher besser nur mit Glacéhandschuhen anfassen. Und danach keinesfalls ins Auge greifen, denn der Milchsaft dieses gemeinen Gewächses kann schlimme Hornhautschäden bis hin zur Erblindung verursachen. Wobei – Eltern und Haustierbesitzer aufgepasst – sogar das abgelaufene Gießwasser giftig ist. Also keinesfalls in Reichweite von Katzenkrallen und Kinderhänden platzieren. Drei bis vier Gramm Blattwerk gelten bereits als letal, weshalb Pflanzenextrakte gerne als Insektizid benutzt wurden.

Und weil schlimmer leider immer geht: Zu Nazizeiten hat man in deutschen wie russischen Lagern angeblich versucht, weibliche Insassen durch Oxalat-Raphide zwangsweise zu sterilisieren. Ein tiefschwarzes Kapitel der Geschichte, das hoffentlich für immer Vergangenheit bleibt.

Aber die Risiken bestehen weiterhin. Im Umgang mit Menschen und mit Pflanzen. Allein im Jahr 2024 wurden in den amerikanischen Poison Control Center über 6000 Vergiftungsfälle mit Oxalsäure gemeldet. Wer also Wert auf ein gesundes Umfeld legt, sollte lieber ganz auf die Familie Aronstab verzichten.

Info Auch als Giftaron, Schweigrohr oder Stummblume bekannt. Eine der beliebtesten Zimmerpflanzen mit mehr als 20 Unterarten. Sehr robust, strammer Wuchs, längliche Blätter mit weißen Flecken und bis zu zwei Meter hoch. Wenig anspruchsvoll in der Haltung. Blüht als Topfpflanze selten bis nie. | **Inhaltsstoffe** Oxalat-Raphide, Saponine, Alkaloide, cyanogene Glykoside | **Vergiftungserscheinung** Organschädigungen, Nierenversagen, Sprachverlust, Erbrechen, Durchfall, Herzrhythmusstörungen, Herzstillstand

26 Diptam

Brennt auf der Haut und in der Landschaft

Spätestens seit der Diptam als nahezu allmächtiges Wundheilmittel in der magischen Welt des »Harry Potter« Karriere gemacht hat, ist diese Pflanze auch unter botanisch wenig versierten Menschen bekannt. Dabei genießt dieses schmucke Gewächs, das wegen seiner ätherischen Öle an sonnigen Tagen gern mal in Flammen aufgeht, seit dem Altertum einen beachtlichen Ruf. Hilfreich gegen Schlangenbisse, Stichwunden und Pestilenz, Eingeweidewürmer, Hexerei, Bleichsucht, Melancholie und Wechselfieber, war die Feuerpflanze zudem als wirkungsvolles Mittel gegen ungewollte Leibesfrüchte recht begehrt. Eine Praxis, die auch hierzulande bekannt war, denn der Deutsche Konrad von Megenberg vermerkt Mitte des 14. Jahrhunderts in seinem »Buch der Natur«: »Diptamnus heißt Pfefferkraut und ist eine sehr gemeine Pflanze … Das Kraut treibt die tote Frucht ab.« Plinius warnte schon Jahrhunderte zuvor, die Pflanze nicht einmal auf das Bett einer Schwangeren zu legen, um keinen ungewollten Abort zu riskieren. Aufgrund der wissenschaftlich mittlerweile bestätigten Wirkung auf die Gebärmutter sollten Frauen, die auf zukünftige Mutterfreuden Wert legen, tatsächlich besser die Finger von dieser Blume lassen. Sonnenanbeter im Übrigen auch, denn bereits die Berührung dieses wundersamen Gewächses kann unter freiem Himmel zu schweren Hautschäden mit Blasenbildung führen, eine unter Rautengewächsen recht verbreitete schlechte Eigenschaft. Vor allem Hobbygärtner und Kleinkinder bekommen, laut Giftinformationszentralen, diese phototoxischen Reaktionen oft schmerzhaft zu spüren.

Dass die Wurzeln, die einst sogar zum Verzehr in Zucker eingelegt und mit Ingwer gewürzt wurden, zum Tod durch Herzstillstand führen – daher der Name Todtenbein –, ist allerdings nicht bewiesen. Hildegard von Bingen rät im Falle von Herzschmerzen sogar explizit zum Verzehr der pulverisierten Wurzel.

Info Auch als Feuerpflanze, Spechtwurz, Todtenbein, Pfefferkraut, Aschenwurz, Elfenwurzel oder Brennender Busch bekannt. Mehrjährige Staudenpflanze aus der Familie der Rautengewächse mit gefiederten Blättern, starkem Duft und rosa Blüten in endständigen Trauben. Blüte: Mai–Juni | Inhaltsstoffe Furochinolinalkaloide, Furanocumarine | Vergiftungserscheinung bei Sonnenlichtexposition Hautschäden, Verbrennungen, Blasenbildung; innerlich: Magen-Darm-Beschwerden, Uteruskontraktionen

27 Efeu

Botanischer Scharlach

Die immergrüne Fassadentapete ist ein wahrlich zweischneidiges Blatt. Einerseits rühmt sich der Mauerpfau seit alten Zeiten als Attribut von mächtigen Weingöttern wie Dionysos, Bacchus oder Osiris, als Symbol ewiger Treue und Unsterblichkeit sowie als edles Gewächs der Musen, wurden doch die Dichter mit einem Efeukranz geehrt. Zudem galt und gilt die Pflanze als wirkungsvolles Heilmittel, einst gegen Zahnschmerzen, Lungenleiden, Brandwunden und Hühneraugen, Pilz- und Bakterienbefall, heute auch als Antidot bei Bronchialerkrankungen und Gallenleiden. Bei der Dosierung ist allerdings Fachwissen gefragt, sonst schlägt der Nutzen rasch in Schaden um. Als gesundes Grünzeug ist Efeu jedenfalls absolut ungeeignet oder »unnütz zu essen«, wie Hildegard von Bingen bemerkte. Oft sogar auch lebensbedrohlich. So notierte der Arzt und Botaniker Otto Brunfels 1532 in seinem »Kreüterbuch«, dass sich fromme Frauen vor dem Genuss gekochter und gebrannter Wasser des Efeus hüten sollten – *Hedera* wurde auch zu Abtreibungszwecken verwendet –, und Hahnemann schrieb dem inneren Gebrauch der Pflanze schlimme »Nervenzufälle« zu. Zudem kann der Kontakt mit Blattmaterial Hautschäden mit scharlachartigen Ausschlägen hervorrufen, was der Autor Stephen King bezeugen könnte, der sich als Kind einst den Hintern damit abputzte und wochenlang unter den Folgen litt.

Nicht einmal die Beeren sind harmlos oder gar ein Genussmittel. Aufgrund ihrer Bitterkeit passiert allerdings nicht allzu viel. 1915 testete der Biologe Friedrich Kanngießer eine dicke grünschwarze Beere im Selbstversuch. »Der Geschmack ist grasähnlich und zwar etwas widerlicher«, stellte er fest. Und verspürte ein unangenehmes Brennen und Kratzen im Hals. Dennoch vergreifen sich immer wieder kindliche Naschkatzen an den dunklen Kugeln, was sie mit Halluzinationen, Bauchkrämpfen und bleierner Müdigkeit bezahlen.

Info Auch als Baumtod, Mauerpfau, Eppich, Poetenkraut, Wintergrün, Hühneraugenkraut, Schreckblatt oder Steinläufer bekannt. Immergrüner, lianenartiger Kletterstrauch, dessen Luftwurzeln an Steinen, Bäumen und Mauern haften können. Das Araliengewächs besitzt meist zwei Arten von Blättern, die älteren sind kleiner und oval, die jüngeren größer und drei- beziehungsweise fünfeckig. Produziert kleine schwarzblaue Früchte. Blüte: Aug.–Nov., Früchte: Frühling | **Inhaltsstoffe** Saponine, Hederin | **Vergiftungserscheinung** Benommenheit, Übelkeit, beschleunigter Puls, Delirium, Schockzustand, scharlachartiger Ausschlag, eventuell tödlich; besonders letal für Pferde

28 Eibe

Mord- und Selbstmordbaum

Die Eibe gilt wohl zu Recht als einer der bedrohlichsten Bäume der Welt. Bei den Römern war sie der Unterwelt geweiht, bei den Griechen galt das Nadelgehölz als Baum der Trauer. Generell steht sie gern auf Friedhöfen herum, doch sollte man nie in ihrem Schatten verweilen, es sei denn, man ist bereits tot. Ansonsten wächst die Lebensgefahr mit jedem Annäherungsversuch. Bereits Plinius warnte davor, Wein aus Eibenholzbechern zu trinken, Iren und Kelten tränkten ihre Pfeile im Sud der Nadeln, um Opfern keine Chance zu lassen, und selbst der legendäre Ötzi trug einen Jagdbogen aus Eibenholz mit sich. Kurz gesagt: Das schmucke Gewächs hat eindeutig das Zeug zum Serientäter oder Massenmord. Schon zu Cäsars Zeiten nahm sich der Eburonenfürst Catuvolcus mit *Taxus baccata* das Leben, und Tausende machten es ihm seither nach: ein paar Gefängnisinsassen, die genug von schwedischen Gardinen hatten, lebensmüde Schwangere, die sich mitsamt ihrer Föten ins Jenseits beförderten, 2024 acht hessische Jugendliche, die fast ihrer Naschsucht erlagen – die Reihe an klinischen Fällen ist endlos. Allein in den USA vergifteten sich innerhalb von zehn Jahren über 11.000 Menschen mit Rinde, Nadeln oder Samen – die Fruchtbecher sind, sofern man den Samen entfernt, harmlos –, allen voran Kinder, Weidevieh und ignorante Gesundheitsfreaks. Aber nicht nur Selbstmord, auch Mord gelingt mit Eibenextrakten recht zuverlässig. Sogar Agatha Christie tötet in »Das Geheimnis der Goldmine« damit, weil das Gift sehr wirksam und ungewöhnlich ist.

Dass Taxol (ein Rindenextrakt) als tumorhemmendes Mittel bei der Chemotherapie Karriere gemacht hat und im Südburgenland oder der Türkei immer noch köstliche Eibenmarmelade produziert wird, wiegt die letalen Seiten der Pflanze nicht auf. Schon 50 Nadeln reichen für einen Abgang. Denn wehe, »die Eibe schlägt an die Scheibe, ein Funkeln im Dunkeln …« (Theodor Fontane).

Info Auch Bogenbaum oder Todesbaum genannt. Immergrüner, harzloser und langsam wachsender Nadelbaum mit rotbrauner Rinde und roten, fleischigen Samenbeeren statt Zapfen. Eiben können sehr alt werden. Blüte: März–April, Früchte: Sept.–Okt. | **Inhaltsstoffe** Taxin (höchster Gehalt in den Nadeln männlicher Pflanzen im Winter) | **Vergiftungserscheinung** Pupillenerweiterung, rote Lippen, Koliken, Nierenschäden, Herzrhythmusstörungen, Erstickungskrämpfe, Leberversagen, Koma, Tod; besonders toxisch für Pferde, ungiftig für Rehe und Hirsche

29 Einbeere

Turbo-Abführmittel

Obgleich die unscheinbare Einbeere zu den eher harmloseren Germergewächsen zählt, sollte man sie dennoch weder als Blattgemüse noch als Fruchtgelee verzehren. Die kleine Tollkirsche ist zwar kein häufiger Mörder, zumindest wurden bislang kaum Fälle bekannt, aber einen extrem erhöhten Bedarf an Toilettenpapier, verbunden mit starker Übelkeit, kann der Verzehr des Pflänzchens jederzeit hervorrufen.

Dennoch galt die Pestbeere in früheren Zeiten nahezu als Allheilmittel. Das Kraut wurde nicht nur als probates Mittel gegen die Pest eingesetzt, sondern auch bei Arsenvergiftungen, Tollwut, Augenleiden und Warzen sowie zur Desinfektion. Selbst als zweifelhaftes Narkotikum hat die Einbeere sich einst einen gewissen Namen gemacht. Im Unterrichtsbuch für chirurgische Lehrlinge (Ludwig Kalteis, 1844) etwa wird die Einbeere noch unter die »vorzüglichen« betäubenden Gifte gereiht. »Größere Gaben von diesen Giften erregen Eingenommenheit und Schwere des Kopfes … bis zum Wahnsinn steigende Berauschung … Im höchsten Grade erfolgt Betäubung …«, wobei es bei Überdosierung auch zu allgemeinen Zuckungen bis hin zum Tod kommen konnte. Doch die Pestbeere in einem Zug mit Mohn, Opium, Bilsenkraut und Stechapfel zu nennen ist eindeutig zu viel der bösen Ehre. Nachweislich recht toxisch ist die Pflanze nur für Fische, die aber selten in den Wald kommen, und für Ochsenfrösche. Kinder greifen öfters mal zu, da die Früchte an Heidelbeeren erinnern, essen wegen des herben Geschmacks aber keine lebensbedrohlichen Mengen. Heutzutage wird die Pflanze zwar noch in der traditionellen chinesischen Medizin benutzt, in der Naturheilkunde stark verdünnt als Tee oder Tinktur bei Migräne getrunken oder homöopathisch bei Zuchtkaninchendamen, welche von Deckunlust befallen sind und sich jedem Rammler verweigern, eingesetzt, ansonsten blüht das seltsame Blümchen aber unbehelligt vor sich hin.

Info Auch als Pestbeere, Vierblatt, Krähenauge, Schlangenbeere, Sternkraut, Moosbeere, kleine Tollkirsche und Hundstod bekannt. Etwa 30 Zentimeter hohes, krautiges Gewächs mit vier oder fünf Hochblättern, die mittig jeweils nur eine kleine grüne Blüte bilden. Später entwickelt sich dort eine heidelbeerartige Frucht. Blüte: Mai–Juni, Frucht: Juli–Sept. | **Inhaltsstoffe** Saponine | **Vergiftungserscheinung** Übelkeit, Kopfschmerzen, Magenkrämpfe, Durchfall, Schwindel, Nierenschäden, eventuell eng stehende Pupillen

30 Eisenhut

Serienkiller und letaler Waschmittelzusatz

And the winner is: *Aconitum napellus*, denn schlimmer geht nimmer. Die wohl giftigste Pflanze Europas galt bereits im antiken Rom und bei den Hellenen als »Lösungsstrategie Nummer eins«. Selbst Kaiser Claudius (54 nach Christus) und Papst Hadrian VI. (1523) wurden durch Aconitin rasch ins Jenseits befördert, während der berühmte Dichter Ovid den Eisenhut als Gift bezeichnete, das die Stiefmütter benutzen. Aber nicht nur. Getrocknete und pulverisierte Wurzelextrakte beendeten zuverlässig Erbschaftsstreitereien, Eifersuchtsdramen und Herrschaftsdispute. Zwar stand auf den Besitz des Aconits, des Blauen Eisenhuts, die Todesstrafe, dennoch lebten viele Giftmischer recht gut damit, da ihre Dienste häufig gebraucht und Giftmorde selten aufgeklärt wurden. Kaiser Trajan verbot 117 nach Christus sogar kategorisch den Anbau dieser teuflischen Pflanze, doch ohne Erfolg. Als Mordinstrument, Pfeilgift, Rauschdroge oder für Hexensalben war sie stets erste Wahl.

Bis vor gar nicht langer Zeit nutzte man die hübsche blaue Blume in unseren Breiten zudem als »Witwenkraut«, indem man Bettwäsche und Pyjama unliebsamer Ehemänner mit einer Abkochung aus Eisenhut schwemmte. Da dieses perfide Gift auch über die Haut aufgenommen wird, verfielen die Gatten in ein langsames Siechtum, verstarben recht unauffällig, und niemand schöpfte Verdacht. Der Verzehr von Blättern, Wurzelwerk oder Blüten hingegen führt zu einem äußerst schmerzhaften – demnach kein Gift für Selbstmörder – und raschen Tod. Zur Freude der Sargtischler passiert auch heute noch genug durch diese Pflanze. Immerhin reichen vier Blätter oder zwei Gramm Wurzelextrakt zum Atemstillstand. Egal, ob böswillig von einem Muldestauseer der Gattin ins Joghurt gerührt oder im Zuge einer allzu naturnahen Pflanzenkost unabsichtlich verzehrt, was den kanadischen Schauspieler Andre Noble das Leben kostete, der psychedelische Eisenhut hat immer Saison.

Info Auch Mönchskappe, Herrgottslatsche, Gifthut, Wolfswurz, Würgling, Apollonienkraut, Ziegentod und Fuchswurz genannt. Mehrjähriges Hahnenfußgewächs, das bis zu 150 Zentimeter hoch werden kann. Die robuste Staude besitzt knollige Wurzeln, handförmige, tief eingeschnittene Blätter und traubige, helmförmige Blütenstände in Blauvioletttönen. Blüte: Juni – Aug. | Inhaltsstoffe Aconitin in allen Pflanzenteilen | Vergiftungserscheinung Frösteln, Brennen, Übelkeit, Durchfälle, Lähmungen, Tod durch Herzversagen oder Atemlähmung – bereits 20 Minuten nach Einnahme; kein Antidot bekannt; Dosis: ab 0,2 Gramm toxisch, ab zwei Gramm Wurzelstock tödlich

31 Engelstrompete

Botanisches Ecstasy für Horrortrips

Von Killerkirschen gejagt, von rotäugigen Delphinen verfolgt oder in einen Damenmantel verliebt – die halluzinogene Wirkung der Engelstrompete übersteigt definitiv die Vorstellungskraft von »Otto Normalverbraucher«. Ärzte und Krankenhäuser allerdings können ein langes Lied von den psychotischen Kollateralschäden singen. Wobei es wenig Unterschied macht, ob man die Blüten isst, aus den Blättern einen Tee braut, Samenkörner knabbert oder in den Wurzelstock beißt – das Unheil droht nach wenigen Milligramm.

Angelockt von der LSD-ähnlichen Wirkung der Pflanze, steht die schmucke Verwandte des Stechapfels vor allem bei Jugendlichen hoch im Kurs. Doch statt des erhofften Drogenrausches büßen die Konsumenten mit Horrortrips, lang andauernden psychotischen Zuständen, Kammerflimmern und akuten Hitzeschüben. In der feinen Konsistenz eines Devil's Breath wirkt die Droge sogar über die Luft. Es genügt, sie jemandem ins Gesicht zu pusten, um diesen willenlos zu machen, was auch im Münsteraner Tatort 2022 »Des Teufels langer Atem« geschah.

Aber auch Kriminelle vergreifen sich gern am Trompetenbaum, um etwa Zugreisende zu betäuben und auszurauben. Sogar in eine Art »Zombie« lassen sich unliebsame Mitmenschen dank der *Brugmansia* verwandeln, ein beliebter Brauch bei manchen Eingeborenenvölkern, die sich das narkotische Potenzial der Pflanze zunutze machen, um Feinde auch mal lebendig – jedoch vollkommen reglos – zu begraben. Darüber hinaus wurden und werden Blätter von vielen Schamanen zum Zwecke einer Bewusstseinserweiterung geraucht, Ecstasy oder Heroin beigemischt, gegen Schlangenbisse, Rheuma, Asthma und bei Hautkrankheiten verwendet oder in Hexensalben gerührt. Wahlweise biss man bei derartigen Erfahrungen dann ins Gras oder aber erhob sich delirierend in die Lüfte – wobei die Rückkehr auf den Boden der Tatsachen auch nicht immer angenehm war.

Info Oft auch als *Datura suaveolens* angeführt und als Wohlriechender Stechapfel oder Trompetenbaum bezeichnet. Wunderschön blühender Baum mit circa 20 Zentimeter langen, hängenden und stark duftenden Blüten in Trompetenform. Nach der Blüte entwickelt dieses Nachtschattengewächs große, eiförmige Früchte mit Hunderten Samen. Blüte: Juni – Sept. | **Inhaltsstoffe** Scopolamin, Hyoscyamin, Atropin | **Vergiftungserscheinung** Mundtrockenheit, erweiterte Pupillen, Verwirrtheitszustände, Benommenheit, Drang, sich nackt auszuziehen und ins Wasser zu stürzen, Sehstörungen bei Augenkontakt, Herzkammerflimmern, Tod durch Atemstillstand; Dosis: ab 15 Samen bereits letal, ab zwei Blüten toxisch

32__Fensterblatt

Giftige Zwischenmahlzeit für Kinder und Katzen

Die in tropischen Ländern wegen ihrer saftigen und gänzlich unschädlichen Früchte als »Ananasbanane« bekannte Pflanze zählt aufgrund ihres riesigen Wuchses zu den Entertainern in Altbauwohnungen und Amtsstuben. Und kam wegen ihrer gigantischen Gestalt sogar zu künstlerischen Ehren. So war Matisse in die Form ihrer Blätter verliebt, Picasso hat sie angeblich in seine Badewanne gestellt, Nico Joana Weber hat der *Monstera* eine Ausstellung gewidmet, und einmal gelangte das grüne Ungetüm sogar aufs Titelbild der »Vanity Fair«. Dennoch führt die Mehrheit dieser Aronstabgewächse ein eher beschauliches, gänzlich inoffensives Leben. Weder würgt sie mit ihren mächtigen Luftwurzeln Menschen zu Tode, noch wirft sie mit ihren großen Kolbenfrüchten um sich, und tödlich giftig ist sie auch nicht, zumindest nicht für ausgewachsene Menschen.

Bei Kindern sieht die Sache aber schon anders aus. Giftnotrufzentralen berichten immer wieder von unschönen Vorfällen, bei denen vorwitzige Jungen und Mädchen ins frische Grün gebissen hatten und wegen der für Aronstabgewächse typischen Scharfstoffe und Calciumoxalat-Nadeln unter brennenden Schleimhautverletzungen, Schluck- und Sprachbeschwerden, Durchfall und Erbrechen litten. Als noch schlimmer erweisen sich diese botanischen Zwischenmahlzeiten oft bei Kaninchen, Hunden und Katzen, die mit Nierenversagen, Unfruchtbarkeit und Gehirnhautentzündung reagieren können. Aber nur im Ausnahmefall. Generell passiert abgesehen von Hautirritationen durch den Saft recht wenig mit dieser majestätischen Pflanze, die fast alle Pflegefehler verzeiht, resistent gegen Schädlinge ist, Schadstoffe aus der Raumluft filtert und seit einigen Jahren als Trendsetter stylisher Innenraumdekoration gehandelt wird. Selbst in der Vase machen einige Blätter durchaus eine gute Figur. Nur auf dem Teller sollte man sie tunlichst meiden.

Info Oft mit Philodendron verwechselt, der ähnlich giftig beziehungsweise ungiftig ist. Immergrüner Kletterstrauch aus der Familie der Aronstabgewächse mit großen Luftwurzeln und dunkelgrünen, oftmals eingeschnittenen oder »löchrigen« Blättern. Kann bis zu zehn Meter hoch werden, blüht hierzulande aber selten bis nie. | **Inhaltsstoffe** Oxalat-Raphide, Scharfstoffe | **Vergiftungserscheinung** Halsschmerzen, Schleimhautreizungen, Übelkeit, Erbrechen, Krämpfe, Leber- und Nierenschäden

33 Fingerhut

Der Klassiker für Giftmörder

Der Blutdruck steigt, der Puls fällt, das Herz bleibt stehen. (Selbst-) Mord durch *Digitalis* war und ist äußerst beliebt, da bereits zwei bis drei Blätter tödlich sein können. Berühmte Autoren wie Agatha Christie hatten eine Vorliebe für das potente Herzmittel. So heißt es in ihrem Roman »Alter schützt vor Scharfsinn nicht«: »Und, ist sie gestorben? An was?« – »Jemand hat beim Spinatschneiden ein paar Fingerhutblätter erwischt – ein reines Versehen ...«

Aber auch im wahren Leben beziehungsweise Sterben hat das Kraut viel Schaden angerichtet. Der Arzt Monsieur Couty de La Pommerais bringt seine Ex-Geliebte damit um, die belgische Serienmörderin Marie Alexandrine Becker greift gleich elf Mal zu *Digitalis*, 1976 werden in einem deutschen Krankenhaus zahlreiche Patienten damit zu Tode gepflegt, und der österreichische Industriemanager Heribert Apfalter, die Schlüsselfigur des Noricum-Prozesses, soll angeblich auch durch *Digitalis* gestorben sein. Sogar Cangrande I. della Scala, einstiger Stadtherr von Verona, so vermuten neue Untersuchungen, fiel 1329 einer Überdosis Fingerhut zum Opfer. Doch auch heute noch sorgen die beiden Herzglykoside Digoxin und Digitoxin unverändert für Schlagzeilen: Gesundheitsbewusste Kräuterteetrinker sterben, weil sie statt nach Melisse nach diesem bitteren Kraut greifen, Selbstmörder bereiten sich Auszüge zu, und weil sich die giftigen Substanzen, sofern sie nicht gleich erbrochen werden, im Körper anreichern, riskieren auch Herzpatienten, denen *Digitalis* vom Arzt verschrieben wurde, durch Überdosierung manchmal den Tod. Dabei ist der Fingerhut seit seiner therapeutischen Entdeckung durch den englischen Arzt William Withering (»Abhandlung vom rothen Fingerhut und dessen Anwendung in der praktischen Heilkunde«, 1786) unverzichtbarer Bestandteil von Medikamenten bei Herzleiden. Und hat so gesehen auch manches Leben gerettet.

Info Auch Waldglöckchen, Fuchskraut, Elfenkraut oder Liebfrauenhandschuh genannt. Mehrjähriges krautiges Wegerichgewächs mit roten (gelben oder wolligen), glockenförmigen Blüten, die traubenartig angeordnet sind und in ihrer Form an Fingerhüte erinnern. Wollige, behaarte Blätter. Blüte: Juni – Aug. | **Inhaltsstoffe** Herzglykoside Digoxin und Digitoxin | **Vergiftungserscheinung** Übelkeit, Erbrechen, Sehstörungen, Schwindel, Absinken der Pulsfrequenz, Delirium, Herzstillstand

34 Germer

Tödlicher »Enzian«-Schnaps

»Schnaps, das war sein letztes Wort, dann trugen ihn die Englein fort«, sang einst Willy Millowitsch, hatte dabei aber nur berauschende Karnevalszüge, bestimmt nicht den Weißen Germer im Kopf. Leider führt gerade der – im nicht blühenden Zustand – wegen seiner Ähnlichkeit mit dem Enzian immer wieder zu echten Schnapsleichen. Ein botanischer Fehlgriff sozusagen mit äußerst toxischen Folgeschäden. Besonders in Österreich kommt es gehäuft zu Verwechslungen mit dieser Wurzel allen Übels, die bereits ab einem Gramm zu schweren Muskelkrämpfen, Nervenschmerzen, Koma und dem Tod führen kann. Kaum vorstellbar, dass dieses Kraut bis vor gar nicht langer Zeit Bestandteil des Schnupftabaks war und von Hippokrates als probates Mittel gegen geistige Krankheiten empfohlen wurde. Durch heftiges Niesen konnte man, so die Säftelehre, einer zunehmenden Verschleimung des Gehirns entgegenwirken.

Mittlerweile wird die hochgiftige Substanz allerdings fast nur noch in homöopathischen Dosen verwendet. Und das ist auch gut so, denn neben seiner einstigen Karriere als Pfeilgift, Ungeziefermittel und Medikament gegen Cholera – mit meist letalem Ausgang – steht der Weiße Germer sogar im Verdacht, am Ableben von Alexander dem Großen schuld zu sein, der im Alter von nur 32 Jahren starb. Historiker und Toxikologen wollen festgestellt haben, dass der große Feldherr durch eine kontinuierliche Zufuhr von mit Germer versetztem Wein ermordet wurde. Zwölf Tage lang litt der König von Makedonien unter Fieber, Erbrechen, Muskelschwäche, verlangsamtem Puls und wiederkehrenden Sprachstörungen, was durchaus den Symptomen einer Vergiftung mit *Veratrum* entspricht. Zudem wurde die Pflanze in der Antike gern und häufig als Brechmittel verwendet, erfreute sich also allgemeiner Beliebtheit und Bekanntheit, aber einen endgültigen Beweis wird man nach mehr als 2.000 Jahren wohl nicht mehr finden.

Info Auch als Fieberwurz, Brechwurz, Läusekraut oder Nieswurz bekannt. Ein stattliches, bis zu 150 Zentimeter hohes, krautiges Gewächs mit gelblich weißen Blütenrispen, behaartem Stängel, mehrfach gefalteten, großen, lanzettförmigen Blättern und intensivem, nicht sehr angenehmem Geruch. Blüte: Juni–Aug. | **Inhaltsstoffe** Steroidalkaloide | **Vergiftungserscheinung** Niesen, blutiger Durchfall, Schwindel, Blutdruckabfall, Zittern, Nervenschmerzen, Lähmungen, Kältegefühl, Tod durch Herz- oder Atemstillstand bei vollem Bewusstsein; verliert in Höhenlagen an Giftigkeit, nicht aber durch Trocknung

35 Giftlattich

Deutsches Opium für das Volk

Immer der Nase nach, so kommt man diesem giftigen Gewächs am besten auf die Spur, denn »sämmtliche Theile des Giftlattichs haben im frischen Zustande im hohen Grade einen eigenthümlichen, widerlich betäubenden Geruch …« Schreibt Anton Woditschka 1871 in »Die Giftgewächse der österreichischen Alpenländer«. Allein der abstoßende Geruch rufe bereits Schwindel hervor, bei Verzehr des klebrigen Milchsaftes hingegen stellen sich rasch tiefenentspannte Zustände und eine »heitere Gemüthsstimmung« ein. Weshalb die Staude, die aussieht wie eine Kreuzung aus Löwenzahn und Kopfsalat, einst gemeinsam mit Bilsenkraut und Schierling als Narkotikum bei Operationen verwendet wurde. Angeblich reichten bereits 0,3 Gramm für einen schmerzfreien Tiefschlaf, aus dem allerdings nicht mehr alle erwachten.

Doch nicht nur Mediziner, auch Drogen-Aficionados aus aller Welt lieben dieses Kraut, das in der Heilkunde auch als potentes Mittel gegen Keuchhusten, Asthma, krankhaft gesteigerte Libido – daher auch Pflanze der Eunuchen genannt – und Schlafstörungen galt. Das »Lactuarium« (der eingetrocknete Milchsaft) ähnelt in seiner Wirkung angeblich dem Opium, soll aber keinerlei Abhängigkeit erzeugen. Daher begeben sich auch heute noch zahlreiche Menschen auf die Suche nach euphorischen Glücksgefühlen, zu ihrem Pech ist die Pflanze mittlerweile recht selten zu finden. Im alten Rom hingegen gab es offenbar noch üppige Bestände, denn Giftlattich erfreute sich als Beruhigungs- und Diätmittel großer Beliebtheit, und die Genesung von Kaiser Augustus soll gleichfalls einer Kaltwasserkur mit *Lactuca* zu verdanken sein. Sogar bei allzu heftig aufwallenden fleischlichen Gelüsten griff man auf das nicht umsonst auch als »Opium frigidum« bezeichnete Kraut zurück, da es Nymphomanie heilen sollte. Was durchaus vorstellbar ist, denn schlafende Menschen treiben keine Unzucht.

Info Auch Stinklattich, Stinksalat, Totenkraut, Opiumsalat oder Leberdistel genannt. Krautige, salatähnliche Staude mit gefiederten, am Rand leicht stacheligen Blättern, kahlem Stängel und zahlreichen kleinen, fedrigen gelben Blüten. Korbblütler, der viel Milchsaft enthält. Blüte: Juni – Sept. | Inhaltsstoffe Lactucin, Lactucopicrin | Vergiftungserscheinung Schweißausbrüche, Schwindel, Herzklopfen, Sehstörungen, Pupillenerweiterung, Schläfrigkeit, schlimmstenfalls Tod

36 Ginster

Treibt Wehen an und Schlangengift aus

Blühenden Ginster sollte man niemals ins Haus tragen, denn er zieht das Unglück an, besagt ein alter Aberglaube. Andererseits band man im Mittelalter zur Sonnenwende Besen aus diesem »goldgleißenden Flammenrausch«, um damit Pech und böse Geister aus dem Haus zu fegen. Kurz gesagt, der Strauch ist ein botanisches Wunder an Gegensätzlichkeit. Steht er in üppiger Blüte, verspricht das reichen Kindersegen, doch als effizientes Abortivum wurde er wegen seiner wehenfördernden Wirkung gleichfalls sehr geschätzt. So bemerkte bereits Dioskorides: »Seine Frucht und Blüthen im Gewicht von fünf Obolen mit Honigmeth getrunken, purgieren heftig nach oben […], die Frucht aber bewirkt Reinigung nach unten.« Eine wahrhaft gesundheitsgefährdende Praxis für Mutter und ungeborenes Kind.

Kurios auch die Tatsache, dass die Giftigkeit des Geißklees zwar seit Langem bekannt ist, Schafe, die an der Pflanze knabbern, aber nachweislich eine gewisse Immunität gegen Schlangengifte entwickeln. Dennoch sollten Menschen besser keine Selbstversuche starten, das haben schon die Bierbrauer in der Eifel getan, die, statt Hopfen zu verwenden, zur Gelben Scharte griffen. Mit vermutlich durchaus berauschender Wirkung, da Ginster in kleinen Dosen erregend wirken kann, weshalb man getrocknete Blüten oftmals euphorisierenden Rauchmischungen beimengt. Die Erfolgsaussichten auf einen legalen botanischen Trip sind allerdings gering, die Risiken hingegen groß. Erst Schwindel, dann Kopfschmerzen, später Kreislaufkollaps und, ähnlich dem Nikotin, üble Lähmungserscheinungen, die einen letztlich bei noch schlagendem Herzen ersticken lassen. Fürwahr kein angenehmer Tod. Selbst bei Medikamenten, die Spartein (ein Alkaloid der Pflanze) enthalten, sollte man vorsichtig sein und sich genau an die empfohlene Menge halten. Überdosierungen beschleunigen nicht den Heilerfolg, sondern den Weg ins Leichenschauhaus.

Info Auch als Rehheide, Gildkraut, Geißklee, Brambusch, Färberkraut, Mägdebusch, Hasengeilkraut, Besenginster, Eifelgold, Grauweide, Kühschoten oder Gelbe Scharte bekannt. Der Schmetterlingsblütler kann bis zu zwei Meter hoch werden und hat lange, besenartige Zweige und goldgelbe Blüten in den Blattachseln. Der Strauch ist frostempfindlich und wirkt meist kahl. Nach der Blüte entwickelt er gleich allen Hülsenfruchtarten Samenschoten. Blüte: Mai – Juni, Früchte: Juli – Dez. | Inhaltsstoffe Alkaloide, vor allem Spartein und Lupanin | Vergiftungserscheinung ab fünf Samen für Kinder bereits sehr giftig; Übelkeit, Euphorie, erhöhter Herzschlag, Kreislaufkollaps, Pupillenerweiterung, aufsteigende Lähmung, Tod durch Ersticken

37 Goldlack

Falsches Veilchen für Frauenleiden

Die schmucke Gartenstaude, die mittlerweile in nahezu allen Farben blühen kann, erinnert mit ihrer botanischen Nomenklatur ein wenig an Rumpelstilzchen. Auch von ihr wusste man lange nicht, wie sie wirklich heißt. Da war über Jahrhunderte von Stockviole, Gelbveilgen, Stangenlack, Levkoje, Dorotheenlilie oder Leucoium die Rede beziehungsweise Schreibe, und die Pflanze wurde wegen ihres betörenden Dufts fälschlicherweise zu den Violaceae gezählt. So schwärmte etwa der römische Schriftsteller Lucius Moderatus Columella von diesem gelben Veilchen, das sich »belaubend mit Gold schmückt«, während Hippokrates und Dioskurides deren Heilwirkung bei Frauenleiden lobten. In der Antike empfahl man sogar explizit die Einnahme von Goldlacksamen zur Empfängnisverhütung, eine Methode, die vermutlich eher zur spontanen Entleerung von Magen und Darm als zum erhofften Abgang befruchteter Eier geführt hat.

Im Mittelalter griff der Arzt und Botaniker Matthiolus in seinem Kräuterbuch dennoch auf ähnliche Rezepturen zurück: »Die Blumen von der gelben Veieln gedörrt, gesotten und getrunken treibt secundinam, das ist dz Bälgle und wirfft die todte Frucht auß Mutterleibe. Schwangere Frauen sollen nicht von diesen Blumen trinken …« Und falls man unter Schwindsucht, schmerzhaften Weisheitszähnen oder einem »zerschrundenen After« litt, galt das falsche gelbe Veilchen gleichfalls als ausgezeichnete, von Ärzten angeratene Wahl. Dass dieses dekorative Schröterichgewächs wegen seiner fingerhutähnlichen Inhaltsstoffe mehr giftige als gesunde Seiten besitzt, wurde erst viel später bekannt. Menschenopfer hat die einstige Bauerngartenpflanze zwar bis heute keine gefordert, doch Gänse und Kaninchen haben den scharfen Genuss des Goldlack oft genug mit ihrem Leben bezahlt. Also definitiv ein Augen-, kein Gaumenschmaus.

Info Auch Gelbveilchen, Stangenlack, Mauerblümchen oder Leucoium genannt. Meist zweijährige Staude aus der Familie der Kreuzblütler, der im ersten Jahr eine Rosette bildet und im zweiten blüht. Bienenweide und Bauerngartenpflanze. | Inhaltsstoffe herzwirksame Glykoside mit digitalisähnlicher Wirkung | Vergiftungserscheinung Übelkeit, Durchfall, Erschöpfung, Muskelzittern, Krämpfe, Herzrhythmusstörungen, Atemnot, Koma, Tod

38 Goldregen

Gefährlicher Kindsverführer

Schön ist er ja, der exotische Goldregen, von den Krankenhäusern und Giftinformationszentralen wird er dennoch sehr ungern gesehen, denn die Pflanze rangiert im Spitzenfeld, was Vergiftungen betrifft. Selbst in die Schlagzeilen schafft es die schmucke Staude mit betrüblicher Regelmäßigkeit. 2024 hatten 15 Schüler aus Idar-Oberstein von der Giftpflanze genascht und landeten im Krankenhaus. Besorgte Eltern sollten aber nicht gleich in Panik verfallen und alle gelben Gewächse als Todfeind betrachten. Zwar stimmt es, dass der Zierstrauch über sehr giftige Samen verfügt und der Verzehr von circa 15 davon für ein schattiges Plätzchen auf dem Friedhof ausreichen würde, aber – die gute Nachricht – bereits der Genuss weniger Samen löst meist recht zuverlässig heftiges Erbrechen aus. Was bleibt, sind Schwindel, Schwäche, Lähmungen, Krämpfe und ein kurzer Spitalsaufenthalt, allerdings verbunden mit der realistischen Aussicht, nach einigen Tagen wieder gesund nach Hause zu kommen.

Warnen muss man Kinder aber auf jeden Fall vor den bohnenartigen Schoten und dem recht süß schmeckenden Wurzelstock. Laut Umfragen in Grundschulen zählt *Laburnum* nämlich trotz des prächtigen Erscheinungsbildes zu den am wenigsten bekannten Giftpflanzen. Also besser informieren statt auskurieren. Interessant auch, dass Ziegen den Strauch unbeschadet fressen können, dessen Gift aber in der Milch anreichern und so für indirekte Vergiftungen sorgen können.

Wobei die üppig blühende Staude in letzter Zeit für durchaus positive Zeitungsmeldungen gesorgt hat, indem sie als wirkungsvolle Waffe gegen die Nikotinsucht präsentiert wird. Zur Zeit der Weltkriege hatte man Goldregenblätter als Ersatztabak geraucht, heute dient Cytisin, ein Alkaloid der Pflanze, als vielversprechender Inhaltsstoff einer Rauch-Stopp-Pille, über deren Wirkungen und Nebenwirkungen Arzt oder Apotheker Auskunft erteilen.

Info Auch als Bohnenbaum, Goldrausch oder Kleebaum bekannt. Sommergrüner Strauch mit überhängenden Zweigen und üppigen Blütentrauben. Die Rinde ist gräulich glatt, und nach der Blüte entwickelt der bis zu sieben Meter hohe Schmetterlingsblütler dunkelbraune Schoten mit Samenkapseln. Blüte: Mai–Juni, Früchte: Juli–Winter | Inhaltsstoffe Cytisin | Vergiftungserscheinung Delirien, Erregungszustände, Krämpfe, Durstgefühle, danach Schläfrigkeit, Lähmungen, Tod durch Kreislaufversagen oder Atemlähmung

39 Gottesgnadenkraut

Letales Abortivum, Aphrodisiakum und All(un)heilmittel

»Demnach der wild Aurin den Magen und die Leber heftig schwächet, als soll er nicht leichtlich in den Leib gebraucht werden …«, warnte bereits 1696 das vollkommene Kräuterbuch »Theatrum botanicum« von Theodor Zwinger vor dem leichtfertigen Umgang mit diesem farblosen Blümlein. Der Anreiz, sich aus diesem bitteren und brennend schmeckenden Kraut einen Frühlingssalat zu bereiten, ist allerdings gering, zudem kommt die Pflanze hierzulande nur selten vor. Ein versehentlicher Verzehr stellt insofern eher die Ausnahme dar. Weitaus öfter griff man bis vor gar nicht langer Zeit mit voller Absicht zum Gnadenkraut. Etwa, um Wunden zu heilen, Würmer zu vertreiben oder um Linderung bei Gicht und Leberleiden zu erlangen. Vor allem aber, um ungewollte Leibesfrüchte abzutreiben, was mit trauriger Regelmäßigkeit zum Tod von Mutter und Kind führte. Der Einsatz der Pflanze als Abortivum mutet umso seltsamer an, wenn man bedenkt, dass *Gratiola officinalis* noch 1995 dafür bekannt war, »nymphomanische Zustände« (Julius Mezger, »Gesichtete homöopathische Arzneimittellehre«) hervorzurufen. Ein unglückseliger Reigen von Lust und Leid sozusagen.

Dennoch scheint das Kraut einst gegen nahezu alle Übel gewachsen zu sein, denn in der Heilkunde beziehungsweise der frühen Medizin wurde es zudem bei Hautkrankheiten, Hämorrhoiden, Hüftschmerzen, Malaria, Melancholie, Syphilis, Epilepsie und rabiater Gesinnung empfohlen. Nach heutigem Erkenntnisstand liest sich das zwar, als hätte man damals den Teufel mit dem Beelzebub austreiben wollen, doch manchmal stößt man auch auf nahezu visionäre Überlegungen. »Die Gratiola soll sich heilsam gegen Geisteszerrüttungen, die aus erloschener Nervenempfindlichkeit im Unterleibe (…) entsprungen waren, bewährt haben«, wird in Hufelands »Journal der practischen Heilkunde« vermerkt. Das hätte Sigmund Freud nicht schöner formulieren können.

Info Auch Erdgalle, Gichtkraut, Allerheiligenkraut, Wildaurin, Echtes Purgierkraut oder Magenkraut genannt. Circa 30 Zentimeter hohes Wegerichgewächs mit lanzettförmigen, gezahnten, kleinen Blättern, Stacheln am Blattrand und kleinen, trichterförmigen, weißen oder blassrosa Blüten. Geruchlos. Blüte: Juni – Aug. | Inhaltsstoffe Cucurbitacine | Vergiftungserscheinung blutiger Durchfall, Nierenbeschwerden, Koliken, beeinträchtigtes Farbsehen, erst erregend, danach lähmend, verminderte Herz- und Atemtätigkeit, Abort, Tod

40__Habanero Chili

Höllische Schärfe

Angeblich hat Kolumbus nicht nur Amerika, sondern auch die Chilischoten entdeckt, was Europa eine neue kulinarische Dimension beschert. Wobei die kleinen Scharfmacher schon bei den Azteken äußerst beliebt waren. Pulverisiert und in geringen Dosen unter den Kakao gemischt, verleihen sie süßen Sachen eine angenehm prickelnde Note und erweisen sich selbst als Aphrodisiakum, Schmerzmittel oder Rheumapflaster als durchaus effizient und gesundheitsfördernd. Sofern man mit Umsicht und Fingerspitzengefühl ans kulinarisch-heilsame Werk geht. Wenn nicht, kann die chilige Wellness recht schnell in Hellness umschlagen. Dafür verantwortlich sind die Capsaicinoide, die – je nach Art – als leicht erregend bis höllisch scharf empfunden werden und sowohl äußerlich als auch innerlich schwere Schäden anrichten können.

Wobei Dummheit in Fällen vorsätzlicher Überdosierung besonders zu leiden hat. Da kam etwa der YouTuber Cembre Candar auf die masochistische Idee, sich ein wärmendes Bad einzulassen, indem er über 1.200 Flaschen Tabasco-Sauce in die Wanne goss. Eine Erfahrung, die dem jungen Mann tief unter die brennend rote Haut ging. Nicht viel intelligenter stellte sich ein 47-jähriger Amerikaner an, der während eines Wettessens einen mit püriertem Bhut-Jolokia-Chili bestrichenen Burger in Rekordgeschwindigkeit hinunterschlang. Mit dieser todesmutigen Aktion landete er allerdings nicht im »Guinnessbuch der Rekorde«, sondern mit Boerhaave-Syndrom auf der Intensivstation des örtlichen Krankenhauses. Ein spontaner Riss durch alle Schichten der Speiseröhre hätte ihn beinahe das Leben gekostet. Immerhin brennt Bhut Jolokia mit einer Million höllischen Scoville (Schärfeskala) schlimmer als jedes Pfefferspray. Dass Anhängerinnen von Falun Gong in China durch Chili-Lösungen in der Vagina gefoltert wurden, möchte man sich nicht einmal in Ansätzen vorstellen müssen.

Info Gleich dem etwas »milderen« *Capsicum annuum* auch Spanischer Pfeffer, Tabasco, Peperoni oder Cayennepfeffer genannt. Einjähriges krautiges Nachtschattengewächs mit dunkelgrünen Blättern und weißlichen Blüten. Die Früchte, bei denen es sich botanisch gesehen um Beeren handelt, reifen ab August bis in den späten Herbst hinein. | **Inhaltsstoffe** Capsaicinoide | **Vergiftungserscheinung** Brennen, Blasenbildung, Schleimhautreizungen, Blutdruckanstieg, Hypothermie, anaphylaktischer Schock; steigert die Wirkung von Kokain

41 Hahnenfuß

Gut für Bettler, schlecht für die Gesundheit

»Frisch hat die ganze Pflanze eine ätzende Schärfe«, bemerkt Friedrich Wunschmann 1833 über den Hahnenfuß und fügt warnend hinzu: »Schon ganze Heerden sollen (wegen ihr) ausgestorben sein.« Was stimmt und auch wieder nicht, denn das Brennkraut ist zwar für Mensch wie Tier giftig, allerdings nur im frischen Zustand. Als »Trockenfutter« hingegen würde es angeblich sogar die Milchleistung von Kühen und Schafen verbessern. Dennoch sollte man diese gelben Blümchen besser meiden, denn sie können bereits bei Berührung zu üblen, schwärenden Hautreizungen führen. Daher haben sich kräuterkundige Bettler einst vorsätzlich mit diesem Saft eingerieben, um mitleiderregende Wunden zu bekommen, was ihnen vermehrt Almosen einbrachte. Und so mancher Glatzkopf hat sich Auszüge dieses Krauts auf sein kahles Haupt geschmiert, was aber weniger den Haarwuchs als die Blasenbildung förderte.

Gefährlich giftig war Hahnenfuß nämlich immer. So schreibt Tabernaemontanus 1588: »Derwegen seyndt sie innerlich in Leib zu brauchen schädlich / also dass sie nimmermehr sollen zu jnnerlichen Artzeneyen gebraucht werden.« Und Adelbert von Chamisso definiert *Ranunculus acris* als »die allergemeinste Art« und eine der gefährlichsten. Immer wieder starben bis vor gar nicht langer Zeit vor allem Kinder am übermäßigen Verzehr dieser Pflanze, die »Magen und Gedärm mit grausamen Schmerzen entzünden« soll (Schluhr, 1808). In Erding sollen – laut »Giftpflanzenbuch« von Berge / Riecke (1845) – zwei Knaben von sechs und sieben Jahren »unter heftigsten Bauchschmerzen, Konvulsionen und starkem Erbrechen« nach dem Genuss der Wurzel binnen zwei Stunden verstorben sein. Wobei der ausnehmend scharfe Geschmack der *Ranunculus*-Arten eigentlich gar nicht appetitanregend ist. Nur die Blütenknospen schmecken etwas milder und dienten früher, in Salz- oder Essigwasser eingeweicht, als bodenständiger Kapernersatz.

Info Auch Warzenkraut, Fröschpfeffer, Butterblume, Goldschüssel, Trollblume, Ranunkel oder Brennkraut genannt. Circa einen Meter hohe Pflanze mit wenig verästelten Stängeln, tief eingeschnittenen, handförmigen Blättern und leuchtend gelben, endständigen Blüten. Die Stiele sind leicht behaart. Blüte: Mai – Sept. | **Inhaltsstoffe** Ranunculin | **Vergiftungserscheinung** Wiesendermatitis, Magen-Darm-Beschwerden, Schwindel, Lähmungserscheinungen, Kreislaufkollaps, Nierenschäden, Atemstillstand

42 Herbstzeitlose

Pflanzliches Arsen und tödlich fürs Pesto

Friedrich Hölderlin hat die »liebliche Zeitlose« in seinem Gedicht »An die Hoffnung« besungen, Paul Celan den Reiz dieses »schönen, schleichenden Gifts« in deutsche Worte gefasst (im Original »Les Colchiques« von Guillaume Apollinaire) und Emerenz Meier das Schicksal der »zarte(n) Jungfer im lila Trauergewand«, die nach herbstlicher Blüte in Schnee und Frost sterben muss, aufrichtig bedauert. Dabei ist diese kuriose Pflanze ein gnadenloser Killer, der wenig Mitleid verdient und selten Gutes tut. Ihre lindernde Wirkung auf schmerzende Gichtzehen fällt da kaum ins Gewicht. Hunderte Tote wiegen mehr. Schon die berühmt-berüchtigte Medea soll im mystischen Kolchis – daher *Colchicum* – in Georgien einen Giftpflanzengarten gepflegt haben, während die Hexen zur Walpurgisnacht einen Salat aus den Blattspitzen verspeisten, um magische Kräfte zu erlangen. Ein Unterfangen, bei dem man riskiert, mit Multiorganversagen ins Gras zu beißen. Etwa im Frühling zur Bärlauchzeit, wenn statt der knoblauchartigen Blätter versehentlich das giftige Kraut auf dem Teller landet. Aufgrund der verzögerten Wirkung kommt bei Colchicinvergiftungen meist jede Hilfe zu spät. Daher griffen und greifen auch Mörder gern zu diesem pflanzlichen Arsen, denn schon fünf Gramm Samen oder 50 Gramm Blattmaterial können tödlich sein. 2023 hat ein Schweizer Informatiker seine Gattin mit Colchicin im Frühstückskaffee ums Eck gebracht, ein Absud aus in Milch gekochten Blüten hingegen beförderte ein Kind ins Jenseits.

Selbst harte Drogen werden zunehmend öfter damit gestreckt, was einen tagelangen Horrortrip bis ins Leichenschauhaus bewirken kann. Und vor dem heute noch mancherorts gebrauten »Zeitlosenwein« sei gleichfalls gewarnt. Das angebliche Wundermittel gegen Gicht, Rheuma und Bandwürmer ist wegen seiner choleraartigen Nebenwirkungen ganz und gar nicht berauschend.

Info Auch Nackte Hure, Teufelswurz, Leichenblume, Wilde Zwiebel, Wiesensafran, Giftkrokus, Faule Grete oder Herbstlilie genannt. Knollenpflanze mit sechsblättrigen rosafarbigen Blüten, die denen des Krokus ähneln. Die lanzettartigen, stiellosen Blätter hingegen erscheinen mitsamt den Früchten im Frühling und verschwinden vor der Blüte im September – Oktober. | Inhaltsstoffe Colchicin | Vergiftungserscheinung (Latenzzeit bis zu sechs Stunden) Brennen, Übelkeit, choleraartige Durchfälle, Krämpfe, Lähmungen, Cyanose, starker Durst, Organversagen, Atemlähmung

43 Holunder

Ideal für Weinpanscher

»Vor einem Hollerstrauch soll man den Hut ziehen«, besagt eine alte Bauernweisheit und unterstreicht damit die Wertschätzung, welche die Menschen diesem heilsamen Strauch seit Jahrtausenden entgegenbringen. Bereits zu prähistorischen Zeiten war der *Sambucus* ein hochgeschätztes Gewächs, unter dessen Wurzeln sich die Erdgöttin verbarg, das vor Feuer, Blitzschlag und Schlangenbissen Schutz gewährte und zudem als Liebesorakel diente. Ganz abgesehen von seiner heilsamen Wirkung bei Erkältungskrankheiten. Der Strauch ist dem Menschen allerdings nur dann wohlgesinnt, wenn man ihn mit dem nötigen Respekt behandelt. Geht man ihm etwa ungefragt an die Rinde, fängt man sich langes Leid und Siechtum ein, warnt der Aberglaube. Und wer Holunder einfach verheizt, könnte sogar ein ganzes Jahr lang Zahnschmerzen riskieren. Eine schlimme Vorstellung.

Doch selbst wer nicht an alte Ammenmärchen glaubt, sollte im Umgang mit dieser Pflanze eine gewisse Umsicht walten lassen, denn rohe Holunderbeeren tun der Gesundheit gar nicht gut, wobei der Zwerg-Holunder angeblich noch ein klein wenig giftiger ist. Das wusste bereits Pedanios Dioskorides, der einst schrieb: »Der Holder unnd Attich haben beyde eine Kraft damit sie trocknen / das Wasser durch den Stulgang treiben / seyen dem Magen aber schädlich.« Sogar Todesfälle nach dem Genuss von Früchten des Zwerg-Holunders werden manchmal kolportiert, obwohl sich die Wissenschaft über dessen Gefährlichkeit bislang recht uneinig ist. Fest steht allerdings, dass der »schwarze Flieder« herrliche Flecken macht. Deshalb hat man seinen Saft einst benutzt, um blässlichem Rotwein eine »gesunde« Farbe zu verleihen. Was immer wieder – und im wahrsten Sinn des Wortes – voll in die Hose ging, wenn die Beeren zu wenig erhitzt waren. Dann lag im Wein weniger die Wahrheit als eine grässlich beschleunigte Verdauung.

Info Auch Holler, schwarzer Flieder oder Holderstock genannt. Winterkahler Strauch oder Baum mit gefiederten Blättern, die Zweige des Moschuskrautgewächses enthalten weißes Mark, und die Blütendolden erscheinen gelblich weiß. Im Herbst trägt er schwarze Beeren. Blüte: Mai–Juni, Früchte: Aug.–Okt. | **Inhaltsstoffe** Sambunigrin | **Vergiftungserscheinung** starkes Erbrechen, heftige Durchfälle

44 Hortensie

Berauschender Blausäure-Kick

So wie es scheinheilige Menschen gibt, existieren auch scheingiftige Pflanzen. Zu Letzteren zählt die prachtvolle Hortensie, einst Zierde aller Vorgärten – heute begehrte Beute von Kleinkriminellen. Egal ob Eferding, Bremen oder Fulda, kaum zeigen sich die ersten zaghaften Triebe, fallen junge Leute auf der Suche nach einem kostenlosen botanischen Drogenrausch wie Heuschreckenschwärme über die Hortensienbüsche her. Offenbar unterliegen auch Nachwuchskiffer akuten Frühlingsgefühlen. Ein Joint aus getrockneten Blättern, Blüten oder Stängeln liegt seit Jahren vermehrt im Trend, Hobbygärtner, Gewächshausbetreiber und lokale Polizeidienststellen können ein leidiges Lied davon singen.

Dabei erfreut das hübsche Gewächs zwar das Auge, mehr aber auch nicht. Wissenschaftlichen Studien zufolge wurde bislang jedenfalls kein einziger Inhaltsstoff gefunden, der das Gerücht vom cannabisartigen Drogenrausch durch Hortensienjoints bestätigen würde. Dennoch landet die vermeintliche Ersatzdroge Jahr für Jahr in den Schlagzeilen: »Pflanzendiebe in Oberösterreich unterwegs«, »Blütezeit der Hortensien-Kiffer« oder »Pflanzendiebstahl in großem Stil« liest man hier wie dort in wiederkehrender Regelmäßigkeit. Schlimm daran sind aber nicht nur die Schäden an den Pflanzen, sondern vor allem die Kollateralschäden bei den Konsumenten, vor denen mittlerweile auch Arzt und Apotheker warnen. »Die möglichen Folgen reichen von Bewusstlosigkeit und Störungen des zentralen Nervensystems bis hin zum Tod«, warnt etwa die deutsche »Pharmazeutische Zeitung«. Hortensien enthalten nämlich geringe Mengen an Blausäureverbindungen, die beim Rauchen freigesetzt werden, mit Marihuana allerdings absolut nichts gemeinsam haben. Wer also einen »echten« Trip schmeißen beziehungsweise rauchen will, sollte bedenken, dass Geiz nicht immer geil ist, sondern oft auch gesundheitsschädigend.

Info Verholzender, winterharter Blütenstrauch mit kugelförmigen weißen, rosafarbigen oder – nach Düngung mit Kaliumsulfat-Aluminium – blauen Blüten und wachsartigen Blättern. | Inhaltsstoffe Blausäure-Glykoside | Vergiftungserscheinung äußerlich allergieauslösend, innerlich Beklemmungszustände und Störungen des zentralen Nervensystems bis hin zum Tod durch Ersticken

45 Hundspetersilie

Tödlicher Gast im Kräuterbeet

Zwar wurde sie angeblich in der Bronze- und Eisenzeit kulinarisch verwertet, als Würze des Lebens darf man die Hundspetersilie aber keinesfalls betrachten, denn ihr haftet eher der Nachgeschmack des Todes an. Immerhin ähnelt das Kraut in seiner Giftigkeit dem berüchtigten Schierling. Dass heute nur noch wenige schmerzhafte Unfälle damit passieren, ist allein der »krausen Petersilie« zu verdanken, die – im Unterschied zur Variante mit den glatten Blättern – zu keinen lebensbedrohlichen Verwechslungen führt. Das böse Gewächs mischt sich nämlich mit Vorliebe, und gut getarnt, zwischen die Kräuter im Gartenbeet. Oftmals mit fatalen Folgen. Besonders Freunde grüner Rohkost bezahlen ihre Lust auf gesunde Genüsse oft mit einem längeren Krankenhausaufenthalt. Zwei Kinder etwa hatten eine Suppe aus *Aethusa* gelöffelt, was nach Bauchschmerzen, Bewusstlosigkeit und Krämpfen zu deren Tod führte, ein 35-jähriger Mann, der eine Handvoll Hundspetersilie gemeinsam mit grünem Salat verspeiste, wurde zudem mit vorübergehender Blindheit geschlagen. Und Helmut Eisendle beschreibt in »Tod & Flora« den fiktiven, aber symptomatisch korrekten Fall einer Schülerin, die aus Wut über eine ungerechte Note vier Wurzeln verspeist. »Vor den Augen des Lehrers [...] bekommt das Mädchen starke Schwindelanfälle, zuckt am ganzen Körper, redet irre, wird von kaltem Schweiß geplagt und vermeint, in einem Anfall von Wahnsinn Unmengen von Hunden und Katzen, die von einem riesigen Affen verfolgt werden, zu sehen.«

Wie oft derartige Fehlgriffe im Umfeld von Küche und Kräutergarten passiert sind, bezeugt auch das Buch »Die Küche des wohlhabenden Wieners« (1846), das explizit vor diesem Kraut warnt. Selbst Tiere beißen beim Verzehr der »wild Petersilgen« immer wieder ungewollt ins Weidegras. Kaffee als Gegengift, wie von Hahnemann empfohlen, wird da nur wenig helfen.

Info Auch Gartenschierling, Hundsgleisse, Tobkraut, Tolldumm oder Katzenpeterli genannt. Mehrjähriges Acker-, Wiesen- und Gartenunkraut aus der Familie der Doldenblütler, das eine starke Ähnlichkeit mit Schierling, Fenchel und Gartenpetersilie aufweist. Die Pflanze hat weiße, doldenartige Blüten, an der Unterseite glänzende Blätter und einen unangenehmen Geruch nach Knoblauch. Blüte: Juni – Sept. | **Inhaltsstoffe** Aethusin, Aethusanol | **Vergiftungserscheinung** Pupillenerweiterung, Sehstörungen, Krämpfe, Delirium, aufsteigende Lähmung, Tod

46 Hyazinthe

Gut für die Raumluft, schlecht für Haustiere

Kaum ist die Weihnachtszeit vorüber, werden die ersten Hyazinthen in dekorativen Töpfchen auf die Fensterbank gestellt. Wenig später setzen die duftenden Pflanzen auch schon bunte Akzente in die spätwinterliche Gartenlandschaft. Nicht umsonst gilt diese schmucke Blume als Symbol der Erneuerung und des Frühlings. Zumindest seit dem 16. Jahrhundert, als die Hyazinthe ihren dekorativen Siegeszug in Europa antrat. Sie hellt nicht nur Räume und Beete, sondern auch die Stimmung der Menschen auf.

Dabei verdankt die dufte Zwiebel ihr Dasein einer tieftraurigen Geschichte von Liebe, Eifersucht und Leid. Zumindest in der griechischen Legende. Angeblich waren vor Urzeiten Zephir und Apollo in den hübschen Jüngling Hyakinthos verliebt. Doch beim gemeinschaftlichen Diskuswurf wurde Zephir, der Gott des Windes, eifersüchtig auf den Rivalen und blies dem armen Hyakinthos die Scheibe an den Kopf, worauf der junge Mann verstarb. Aus seiner blutigen Wunde allerdings erwuchs die Hyazinthe. Diese romantische Geschichte hat übrigens Mozart im zarten Alter von elf Jahren zu seinem Bühnenwerk »Apollo et Hyacinthus« inspiriert.

Doch nicht allen geht beim Anblick dieser Pflanze das Herz auf. Allergiker etwa reagieren auf den Geruch beziehungsweise den Kontakt mit bösen Pusteln und Hautausschlägen, Niesanfällen, Atembeschwerden, Kopfschmerzen und schlimmstenfalls Schockzuständen. Bei Menschen, die häufig Hand an diese Frühlingsblüher legen, stellt sich manchmal sogar die »Hyazinthenkrätze« ein, eine unangenehme Irritation des Gewebes, unter der vor allem Gärtner und Floristen leiden. Weitaus dramatischere Folgen hat die Pflanze allerdings bei Haustieren und kleinen Kindern, die gern mal an Blättern knabbern oder die Zwiebel verschlingen. Als Folge stellen sich recht rasch Erbrechen, Krämpfe und Kreislaufbeschwerden ein, aber zum Sterben reicht die Pflanze üblicherweise nicht.

Info Auch bekannt als Gartenhyazinthe. Krautige Zwiebelpflanze mit grundständigen, lanzettförmigen Blättern und intensiv duftenden Blütentrauben in nahezu allen Farben. Spargelgewächs, Blüte: Frühling | Inhaltsstoffe Saponine, Calciumoxalate | Vergiftungserscheinung haut- und schleimhautreizend, allergieauslösend, Hautausschläge, beim Verzehr Magen-Darm-Beschwerden, Übelkeit

47 Immergrün

Klärt den Wein und trübt das Blut

Zwar wächst das Kleine Immergrün recht unscheinbar im dunklen Wald oder auf Friedhöfen vor sich hin, doch ein Schattendasein führte und führt es deshalb noch lange nicht. Ganz im Gegenteil. Diese unauffällige Pflanze mit den zarten blauen Blüten erfreute sich bereits bei den alten Römern großer Beliebtheit. Sie stand im Ruf, Blitze abzuwehren und Leidenschaften anzuziehen, diente als Braut- und Totenkranz sowie der schwarzen Magie. Wer etwa im Namen des Bösen einige Blätter Immergrün in eine Pfanne mit heißem Öl warf, würde einen Unhold als solchen erkennen können. Sogar das Vieh ließ sich damit verzaubern. Aber auch als Heilpflanze war *Vinca minor* sehr begehrt. Gut gegen Mundfäule und hilfreich bei roter Ruhr und Nasenbluten, galt dieses immergrüne Hundsgiftgewächs sogar als Medizin für schlechte Getränke. »Wenn es in trüben Wein gehenkt wird, soll es denselben wieder zurechte bringen und lauter machen«, berichtet Heinrich Gottfried Graf von Mattuschka in seiner »Flora silesiaca« 1776.

Umso verwunderlicher, dass das Totengrünkraut später als Krebsmittel im Rahmen der Chemotherapie Karriere gemacht hat, da man erkannte, dass bestimmte Inhaltsstoffe eine hemmende Wirkung auf die Zellteilung hatten. Was zwar durchaus wissenschaftlich bewiesen werden konnte, dennoch sind derartige *Vinca-minor*-Präparate in Deutschland seit 1987 größtenteils verboten. Denn die rein pflanzlichen Substanzen schaden nicht nur den Tumorzellen, sondern auch dem Immunsystem, indem sie Leukozyten zerstören. Was der Gesundheit wiederum recht abträglich ist. Zudem kann das Wintergrün den Blutdruck in bedrohliche Tiefen katapultieren. Eine längere Teekur, während man mit Grippe daniederliegt, kann also durchaus böse, wenngleich kaum tödliche Folgen haben. Immerhin ist der kriechende Strauch mit dem prunkvollen Oleander verwandt, was Grund genug ist, ihm mit gebührender Vorsicht zu begegnen.

Info Auch Totengrünkraut, Bärwinkel, Wintergrün, Himmelsternkraut, Totenveilchen oder Jungfernkranz genannt. Kriechender, bodendeckender Strauch mit glänzenden, ledrigen und immergrünen Blättern und bläulichen, fünfzähligen Blüten an aufrecht stehenden Stängeln. Hundsgiftgewächs. Blüte: März–Mai | **Inhaltsstoffe** Vincamin | **Vergiftungserscheinung** Hautrötung, Blutbildveränderungen, starker Blutdruckabfall, Juckreiz, Herzrhythmusstörungen, gastrointestinale Beschwerden

48_Jakobskreuzkraut

Schleichender Tod und Vieh-Vergifter

Der Schrecken, der die Menschen einst angesichts biblischer Heuschreckenschwärme befiel, den ruft heute vielerorts dieses Unkraut hervor. Dabei sieht die Pflanze mit ihren großen gelben Blütenständen eigentlich recht nett und gar nicht nach einer veritablen Landplage mit mörderischem Potenzial aus. Wären da nicht die bösen Pyrrolizidinalkaloide. Einem Oberallgäuer Landwirt, der die besonders giftigen Blüten verzehrt hatte, haben sie den Tod beschert, in Afghanistan wurde Getreide damit kontaminiert, was gleich Hunderte Menschen das Leben kostete.

Hierzulande passieren akute Vergiftungen dagegen vor allem beim Weidevieh, oftmals in Form der gefürchteten »Schweinsberger Krankheit«. Zweibeiner sterben eher auf Raten – durch irreparable Leberschäden und Tumorbildung. Doch weil das Greiskraut seine Giftstoffe langsam im menschlichen Körper anreichert, stellen sich Krankheitssymptome relativ spät, manchmal erst nach Monaten und damit oft zu spät ein. Eine böse Sache, vor allem, weil die gastrointestinalen Wege des Übeltäters ziemlich verschlungen sind. Fressen Kühe, Schafe oder Ziegen das bittere Kraut, gelangen die Inhaltsstoffe in die Milch und von dort – mit etwas Pech – in den heimischen Kühlschrank. Oder man konsumiert zu viel billigen Honig aus Übersee, der einen besonders hohen Anteil der schädlichen Alkaloide enthält. Immer wieder verirrt sich das Greiskraut im Supermarkt zum Rucola oder ins Teeregal, was eilige Rückrufaktionen zur Folge hat. Und selbst der Kräutertee aus handverlesener Wald- und Wiesensammlung kann – bei botanischen Fehlgriffen – durchaus zum Risikogetränk mutieren. So ruinierte eine gesundheitsbewusste Frau mit einem wildwüchsigen Salat beinahe ihre Leber. Vor allem Ungeborene sind besonders gefährdet, sollte die Mutter gerade eine Teekur machen, denn auch folgenschwere Verwechslungen mit Johanniskraut kommen immer wieder vor.

Info Auch Greiskraut genannt. Mehrjähriges Kraut aus der Familie der Korbblütler mit fiederspaltigen Blättern und gelben Körbchenblüten, die in aufrechten Dolden stehen. Blüte: Juni – Aug. | Inhaltsstoffe Pyrrolizidinalkaloide | Vergiftungserscheinung schleichend chronisch durch Leberschädigung bis hin zu Organversagen, mutagen, karzinogen. »Schweinsberger Krankheit« beim Weidevieh; verliert durch Trocknung nicht an Giftigkeit

49_Kartoffel

Gute Zutat fürs letzte Abendmahl

Es grünt so grün, wenn mehr als 300 Millionen Kartoffeln weltweit blühen – so gewaltig ist die jährliche Anbaumenge dieses Grundnahrungsmittels. Einst von Pizarro um 1555 nach Europa gebracht, hat die multifunktionale Knolle sich nicht nur als geschmackvolle Alltagskost bewährt, sondern auch als veritables Heilmittel, soll sie doch gut gegen Entzündungen, Kopfschmerzen, Übersäuerung und Sonnenbrand sein. Sogar Alkohol, Papier und Stärke werden aus diesem unterirdischen Tausendsassa hergestellt. Buchhalterisch betrachtet fallen die Todesopfer der Knolle also kaum ins Gewicht. Dennoch sollte man sich im Umgang mit ihr stets an das »Kartoffellied« von Matthias Claudius erinnern, wo es heißt: »Schön rötlich die Kartoffeln sind und weiß wie Alabaster! Sie däun sich lieblich und geschwind und sind für Mann und Frau und Kind ein echtes Magenpflaster.« Solange die Knollen also im rötlich weißen Bereich liegen, ist keine Gefahr im Verzug.

Doch wehe, die Grundbirn schaut einen mit vielen Augen an und schimmert grünlich. Dann sollte man den Menüplan dringend ändern, denn verfärbte Erdäpfel sind höchst ungesund. Wer sie dennoch brät – beim Kochen wird zumindest ein Teil der toxischen Substanzen mit dem Wasser ausgeschüttet –, riskiert nicht nur kolikartige Krämpfe, sondern sogar sein Leben. Wie etwa eine lustige Herrenrunde, die, offenbar mit Farbenblindheit geschlagen, grüne Kartoffeln verzehrte, was für zwei der Herren tödlich endete. Oder der dreijährige Bub, der durch eine Handvoll Beeren verstarb. Geringste Mengen des Extrakts von Stängel und Blattwerk seien bereits schlimmer als Bilsenkraut, Fingerhut oder Schierling und würden zu Zittern und »Uebelbefinden« führen, vermerkte 1839 auch die »Allgemeine Toxikologie« von Orfila und Kühn. Selbst als Viehfutter bewirkt das Kraut nichts als Fehlgeburten und Todesfälle. Ein Nachtschattengewächs hat halt meist recht dunkle Seiten.

Info Auch als Erdapfel oder Krumbirn (Grundbirn) bekannt. Krautiges Nachtschattengewächs mit einjährigen Trieben, die aus einer »Sprossknolle« wachsen. Die endständigen Blüten sind weiß oder lila, manche Sorten entwickeln im Herbst auch beerenartige grüngelbe Früchte. Blüte: Juni – Aug. | **Inhaltsstoffe** Solanin | **Vergiftungserscheinung** Durchfall, Kreislaufbeschwerden, Halluzinationen, Verwirrtheitszustände, kolikartige Krämpfe, Koma

50 Kermesbeere

Frühlingssalat für Lebensmüde

»*Down there we have a plant that grows out in the woods and the fields / And it looks something like a turnip green / Everybody calls it polk salad* …«, sang Elvis Presley einst über die in den amerikanischen Südstaaten sehr beliebte Kermesbeere, aus deren zarten Trieben nach wie vor gern Salat zubereitet wird. Entweder weil man sonst nichts zu essen hat – »Cause that's about all they had to eat«, wie Polk Salad Annie im gleichnamigen Song – oder in dem Irrglauben, jede wildwüchsige Staude diene der gesunden Rohkost. Ein bedrohlich falscher Denkansatz, der Jahr für Jahr Hunderte Menschen mit gastrointestinalen Beschwerden und Herzrhythmusstörungen ins Krankenhaus bringt. Selbst mehrfaches Abkochen entfernt die toxischen Substanzen nicht zur Gänze. Ähnlich riskant ist auch der »Poke Root Tea«, der angeblich gegen Rheuma hilft.

Mittlerweile ist dieser nach Spargel schmeckende Neophyt auch in unseren Breiten zunehmend häufiger anzutreffen, was für ausreichend Aufregung beim Giftnotruf sorgt. Bei Kleinkindern können mehr als zehn Beeren bereits bedenkliche Symptome auslösen. Aber nicht nur dem Menschen kann diese Pflanze, die aussieht wie eine botanische Pop-Art-Skulptur, gefährlich werden. In Medienberichten wird die Kermesbeere zudem als »Bedrohung deutscher Wälder« bezeichnet. Die fiese Staude soll einheimische Pflanzen mit chemischen Waffen gezielt in die Flucht schlagen. Ein wahrlich böser Zug.

Dabei hat diese Pflanze durchaus auch gute Seiten. Laut Tao vertreibt sie böse Geister, in der Homöopathie wirkt sie gegen Grippe, Mandelentzündung und Gelenkrheuma, Kühen verschafft sie Linderung bei Euterentzündungen, und pulverisiert hält sie Schnecken vom Gemüsebeet fern. Einst wurde der Saft der Beeren auch blässlichem Rotwein und Kuchenteig beigemischt, was wegen der stark abführenden Wirkung der *Phytolacca* aber wenig appetitliche Folgen hatte.

Info Bis zu zwei Meter hoher Strauch mit kleinen grünlich weiße Blüten und traubenartigen dunkelroten bis schwarzen Beerenfrüchten. Die Wurzel ist dick und rübenähnlich. Blüte: Juni – Sept., Früchte: Aug. – Okt. | **Inhaltsstoffe** Mitogene, Saponine, Phytolaccatoxin | **Vergiftungserscheinung** starkes Erbrechen, Durchfall, spastische Krämpfe, Störungen der Herzfunktion; Wurzeln sind besonders giftig, ausgereifte Beeren etwas weniger

51 Kirschlorbeer

Gesundheitstrank für einen schnellen Tod

»Vom Strauch genascht, elf Kinder vergiftet« oder »Gefahr durch die Lorbeerkirsche«: Immer wieder gerät der ursprünglich aus Kleinasien stammende Zierstrauch mit derartigen Panikmeldungen in die Schlagzeilen. Sogar zur »Giftpflanze des Jahres« wurde er 2013 gewählt. Mit dem *Prunus laurocerasus* ist eindeutig nicht gut Kirschen essen. Dennoch erfreute sich ausgerechnet dieser Strauch bis vor gar nicht langer Zeit allgemeiner Beliebtheit in der Heilkunde. Mit zum Teil tödlichen Folgen. Das toxische Kirschlorbeerwasser etwa, einst ärztlich angeraten bei Asthma, Keuchhusten oder einem schwächelnden Herz, erwies sich oft als besonders wirksam. Binnen kürzester Zeit schwanden alle Symptome, die Lebenskräfte allerdings auch. Tote husten nicht. »Auch ein Jüngling, der etwas Kirschlorbeerwasser getrunken hatte, starb in wenigen Minuten«, berichtet Johann Friedrich Gmelin, Naturwissenschaftler, Mediziner und forensischer Toxikologe. »Ein Mädchen von 18 Jahren, das sehr wohl und gesund war, nahm nicht ganz zwei Löffel von diesem Wasser, in Zeit von ½ Stunde fiel sie nieder, bekam Zuckungen und Schaum vor dem Mund und kurz darauf starb sie.«

Dabei ist die Giftwirkung der Lorbeerkirsche bereits seit Jahrhunderten bekannt. Schon Adelbert von Chamisso, romantischer Dichter und Kustos am Berliner Königlichen Herbarium, warnte eindringlich vor diesem immergrünen Baum, der augenblicklich töten könne. Besonders Kinder setzen ihre Gesundheit aufs Spiel, wenn sie von den verführerischen Beeren naschen. Zwar ist das Fruchtfleisch gänzlich harmlos und wird in vielen Ländern sogar zu Gelees und Konfitüren verarbeitet, doch ist es nur unschädlich, wenn jeder einzelne Samenkern entfernt wird, denn zerbeißen darf man sie keinesfalls. Auch Weidetiere verenden immer wieder am toxischen Heckenschnitt und in der Schweiz ist dieser invasive Neophyt seit September 2024 überhaupt verboten.

Info Auch Lorbeerkirsche genannt. Immergrünes Rosengewächs mit lederartigen Blättern, die denen des echten Gewürzlorbeers ähnlich sehen. Entwickelt duftende weiße Blütenrispen, aus denen später schwarze Steinfrüchte werden. Blüte: April – Mai, Früchte: Aug. – Sept. | **Inhaltsstoffe** cyanogene Glykoside, vor allem in Samen und Blättern | **Vergiftungserscheinung** Gesichtsrötung, Atembeschwerden, Erregung, Atemstillstand, Herzstillstand

52 Korallenbäumchen

Kirschtomaten für Masochisten

Das Korallenbäumchen präsentiert sich zweifelsfrei als eine der schönsten Topf- und Kübelpflanzen, die Gartencenter oder Blumenhandlungen – leider immer seltener – im Angebot haben. Klein, aber oho, sozusagen. Vor allem die schmucken kugelrunden paradeisartigen Beeren setzen zur Herbst- und Winterszeit hübsche bunte Akzente im Wohnraum. Gleichwohl ist die Pflanze nicht ganz ungefährlich, denn in den unreifen Früchten ist Solanocapsin, ein Alkaloid, enthalten, das den Eingeweiden übel mitspielen kann. Bei deutschen Giftnotrufen klingelt wegen dieser Teufelstomate ständig das Telefon, wobei die Bandbreite an Beschwerden nach dem Genuss der kleinen roten Früchte von »symptomlos« bis zur letalen Atemlähmung reicht. Kleine Kinder stecken sich die Beeren gern mal in den Mund, was in Mexiko angeblich einen Fünfjährigen das Leben gekostet hat. Der bedauernswerte Bub soll nach dem Verzehr einiger Beeren des kleinen Liebesapfels *(manzanita del amor)* unter starker Schläfrigkeit, heftigem Erbrechen, Muskelschwäche, Dauererektion und Herzkammerflimmern bis hin zum Tod gelitten haben.

Hierzulande sind offiziell zwar in letzter Zeit keine so dramatischen Fälle bekannt geworden, für einen längeren Krankenhausaufenthalt mitsamt schmerzhafter Nulldiät reichen fünf bis sechs Beeren allerdings aus. Meist werden die Früchte ja verzehrt, da man sie mit Kirschtomaten, Kumquats oder Zwergpomeranzen verwechselt, während die leicht unangenehm riechenden Blätter selbst von Haustieren eher verschmäht werden. Allein in der Krebsforschung fand das Laub der Korallenkirsche vor einiger Zeit eine gewisse Beachtung, als in Tierversuchen an Mäusen dessen antitumorale Wirksamkeit getestet wurde. Bahnbrechende Erfolge wurden bislang jedoch nicht erzielt. Alkaloide des Blattwerks scheinen zwar die Überlebensdauer der Mäuse verlängert zu haben, dafür gingen sie beinahe an Gewichtsverlust ein.

Info Auch Jerusalemkirsche, Teufelstomate oder Korallenkirsche genannt. Kleinwüchsiger Strauch mit lanzettförmigen, kleinen Blättern und weißen Blüten, aus denen kirschgroße, kugelige orangerote Beeren entstehen. Zählt zu den Nachtschattengewächsen. | **Inhaltsstoffe** Alkaloide, Solanocapsin | **Vergiftungserscheinung** erweiterte Pupillen, Übelkeit, Somnolenz, Atemlähmung

53 Kornrade

Blaues Brot, lepröser Tod

Bis vor gar nicht langer Zeit galt das bevorzugt in Weizenfeldern wachsende Unkraut als schlimmster Feind des täglichen Brots, sorgten dessen Samen doch mancherorts für Vergiftungen epidemischen Ausmaßes. Daher wurde diese schmucke Blume bereits im Mittelalter als »Höllenkorn« oder »Giftmörderin« bezeichnet. Erst die modernen Mittel der Saatgutreinigung, verbunden mit chemischen Herbiziden, machten ein Ende mit diesem schädlichen Backbeiwerk, das »ein bläuliches Mehl« gibt, »welches im Brot ungesund sein soll« (Adelbert von Chamisso). Wobei »ungesund« eine nette Untertreibung ist, denn diverse Quellen unterstellen dem Schwarzen Ackerkümmel sogar eine Mitschuld an der Verbreitung der Lepra. Angeblich haben dessen Samen zu schweren Schäden der Nebennierenrinde geführt, was als Voraussetzung für eine Ansteckung mit jener schrecklichen Krankheit galt.

Doch selbst wer fernab jeglicher lepröser Gebiete weilte, riskierte durch den Verzehr weniger Gramm Samenkörner üble Vergiftungen bis hin zum Tod. Vor allem die ärmere Bevölkerung litt immer wieder unter solchen unliebsamen Kollateralschäden, die sich beim Konsum von verunreinigtem »Kornkaffee« ebenso einstellten wie beim zweifelhaften Genuss von gepanschtem Branntwein, einer seinerzeit gängigen Praxis. Durch vorsätzliche Beimengung des Höllenkorns stieg der Ertrag des Fusels, während die Wirkung von »berauschend« in »bedrohlich« umschlug. Aber auch die einst als gesundheitsförderlich gepriesenen Tränke der damaligen Zeit gleichen eher dem Versuch, den Teufel mit dem Beelzebub auszutreiben. So empfiehlt etwa Hieronymus Brunschwig, ein deutscher Wundarzt aus dem 15. Jahrhundert, in seinem »Kleinen Destillierbuch« die Kornrade als gutes Mittel gegen den »nagel in den ougen« (heftiger Kopfschmerz) und bei »schwinden glider« (schwache Glieder). Als Gurgelwasser soll das Gewächs sogar gegen Zahnschmerzen geholfen haben.

Info Auch Roggenrose, Schwarzer Ackerkümmel, Höllenkorn oder Marienröslein genannt. Dieses Nelkengewächs hat wenig verzweigte, lange Stängel, dünne, kleine Blätter und endständige rötlich violette Blüten. Blüte: Juni – Aug. | **Inhaltsstoffe** Triterpensaponine, Agrostin | **Vergiftungserscheinung** schneller Puls, Krämpfe, Schockzustände, Schwindel, Koma, Tod

54 Küchenschelle

Schlafmittel, Stimmungsaufheller und Weiberkraut

Die Küchenschelle zählt wohl zu den kuriosesten Pflanzen der heimischen Flora und Fauna. Angeblich aus den Tränen der Venus entstanden, stand die Schlafblume seit der Antike in dem etwas zweifelhaften Ruf, gut gegen psychische wie physische Frauenleiden zu sein. Was in der Homöopathie heute noch eine Rolle spielt, wird die *Pulsatilla* doch primär blonden, blauäugigen, hellhäutigen und zartbesaiteten Mädchen zugeschrieben. Das Gift solle sie aus dem Herzen treiben, hieß es seinerzeit, weshalb ängstliche Frauen getrocknete Blüten und Blätter zur Stärkung verabreicht bekamen. Zudem würde die Kuhschelle Wehen und Menstruation fördern und für einen tiefenentspannten Schlaf sorgen. Wobei an die 30 frische Blüten durch ihren Anemonolgehalt bereits in Richtung ewige Ruhe führen. Der beißend scharfe Geschmack der Blume sollte allerdings von übermäßigem Genuss ausreichend abschrecken.

»Alle Theile dieser Pflanze sind scharf und ätzend«, bemerkte auch Heinrich Gottfried Graf von Mattuschka 1741 und stellte die damals geltende Heilkunde in Frage. Da wurde etwa die »Wurtzel der Küchenschellen wider die Pestilentz und alle andere Gifft gelobt« (Tabernaemontanus), daraus gebranntes Wasser zum Erbrechen gereicht sowie – in Form von Umschlägen – Pferden auf schwärende Wunden und Menschen auf lästige Warzen gelegt. Letzteres mutet etwas seltsam an, da ja gerade der Saft der *Pulsatilla* böse Hautreizungen hervorrufen kann. Doch vielleicht lag diesen Anwendungen ein erster homöopathischer Gedanke zugrunde. Immerhin gilt Anton Freiherr von Störck, Leibarzt der österreichischen Kaiserin Maria Theresia, heute als Wegbereiter von Samuel Hahnemann, indem er sich als Erster an alternativmedizinischen Prinzipien versucht hat. Und offenbar sogar sehr erfolgreich, wird doch berichtet, dass er durch einen Auszug der *Pulsatilla* Blinde wieder sehend gemacht hat.

Info Auch als Kuhschelle, Bocksbart, Schlafblume, Lenzglöggli, Teufelsbart, Wolfspfote, Bisswurz, Petersbart oder Heuschläfer bekannt. Niedriges, pelzig behaartes Hahnenfußgewächs mit violetten, glockenförmigen Blüten, mehrfach gefiederten Blättern und zottigem Fruchtstand. Seine Wurzeln sind sehr tief in der Erde verankert. Blüte: März–Mai | **Inhaltsstoffe** Protoanemonin | **Vergiftungserscheinung** äußerlich Dermatosen mit Blasenbildung, innerlich zuerst Erregung, danach Lähmungserscheinungen des Zentralnervensystems, Nierenschäden, Krämpfe, Kollaps, Atemstillstand

55 Lerchensporn

Leichenstarre zu Lebzeiten

Auf den ersten Blick kommt der Lerchensporn, ein enger Verwandter des Erdrauchs, so richtig harmlos daher mit den blässlichen Blüten, deren Sporn an eine Haubenlerche erinnert. Dennoch sollte man die Nase nicht zu tief in seine blättrigen Angelegenheiten stecken, sonst bekommt man Sommersprossen. So will es zumindest der Aberglaube. Die wissenschaftliche Wahrheit sieht allerdings weitaus beunruhigender aus. Beunruhigend beruhigend sozusagen, denn die toxische Knolle der Hohlwurz kann regelrechte kataleptische Zustände hervorrufen, die von Bewegungsarmut bis zur völligen Aufhebung der willkürlichen und reflektorischen Bewegungen reichen. Während dieser bedrohlichen Starre bleibt das Bewusstsein größtenteils erhalten, aber man hat keinerlei Kontrolle mehr über seinen Körper. Zudem können sich bei falscher Dosierung auch noch hypnotische Zustände, Schüttelkrämpfe und Lähmungen einstellen. Als Neuroleptikum ist es also reich an Kollateralschäden schlimmster Art. Dennoch, oder vielleicht gerade aufgrund dieser ansatzweise psychoaktiven Wirkungsweisen, wird der Lerchensporn in einschlägigen Kreisen auch gern mal als leicht verfügbarer Drogenersatz geraucht, weil er angeblich zur Linderung von Angstzuständen führt. Das Risiko, statt in eine ruhige Tiefenentspannung in Hypnose oder gar eine dauerhafte Leichenstarre zu verfallen, scheint jedoch recht hoch zu sein. Umso mehr, da das Bulbocapnin (ein Alkaloid der Pflanze) die Wirkung anderer Stoffe wie etwa Morphin potenziert, was aus einer halbschlafartigen Reglosigkeit schnell einen veritablen Horrortrip machen kann.

Die alten Väter der Medizin und Volksheilkunde hatten demnach schon recht, wenn sie den Lerchensporn bevorzugt in Form von Salbe auf entzündete Mandeln oder Hämorrhoiden geschmiert haben, von einer inneren Anwendung der Wurzelknolle aber sicherheitshalber die Finger ließen.

Info Auch Haubenlerche, Hohlwurz, Donnerflug, Falsche Osterluzei, Knolliger Erdrauch, Walburgskraut oder Taubenkropf genannt. Krautiges Erdrauch- beziehungsweise Mohngewächs mit hohler Knolle, gefiederten Blättern und lila Blüten in endständiger Traube. Oberirdische Teile verwelken im Sommer. Verwandt mit dem Erdrauch. Blüte: März–Mai | Inhaltsstoffe unter anderem Alkaloide, Bulbocapnin, Corybulbin | Vergiftungserscheinung kataleptische Bewegungsarmut, sedativ, krampferregend, hypnotisch, Tod durch Atemlähmung und Herzstillstand; nur die Knolle ist sehr toxisch

56 Liguster

Kotzbrocken und Haarfärbemittel

Eins vorweg: Der übel beleumundete Liguster ist besser als sein Ruf. Zwar hat er so einige Schandtaten auf seinem extrem harten Holz, zum Mörderbuben reicht das allerdings noch nicht. Dennoch wurden und werden ihm immer wieder Todesfälle zur Last gelegt, auch wenn sie keiner seriösen wissenschaftlichen Überprüfung standhalten. So soll ein fünfjähriger Junge nach dem Genuss zahlreicher Beeren unter krampfartigen Leibschmerzen und starkem Durchfall gestorben sein. Und ein zweieinhalbjähriges Kind habe angeblich 37 Tage nach Verzehr der Beeren das Zeitliche gesegnet, was gleichfalls nicht bewiesen ist. Laut dem Giftinformationszentrum Erfurt wurden zwischen 2014 und 2023 zwar 874 Anfragen zu Kontaktfällen mit diesem Zierstrauch gestellt, doch vermerkt der Giftnotruf auch, dass historische Berichte über Krampfanfälle, Kreislaufstörungen sowie Todesfälle nicht bestätigt werden konnten. In der Mehrzahl aller Fälle (Verzehr von Beeren) traten keine Symptome auf, manchmal kam es zu mehr oder weniger starkem Erbrechen, allein ein Hund musste länger um sein Leben kämpfen und litt unter Krampfanfällen, schwerem Durchfall und neurologischen Ausfällen.

Man sollte die Hundskirsche aber dennoch nicht verteufeln. Ihre schmucken schwarzen Beeren dienen den Vögeln als Winterfutter und den Chinesen als Haarfärbemittel, früher landeten die kleinen Früchte zu verkaufsfördernden Zwecken auch im Wein, viel mehr scheint damit aber nicht passiert zu sein. Allein Pollenallergiker riskieren zur Blütezeit immer wieder Asthmaanfälle, weshalb ein rechtzeitiger Schnitt der Hecke angebracht sein kann. Und dabei sollte man zur Vorsicht langärmelige Kleidung und Handschuhe tragen, sonst riskiert man Hautreizungen wie das »Liguster-Ekzem«, eine unangenehme, aber keinesfalls tödliche Kontaktallergie.

Info Auch Rainweide, Tintenbeere, Hartriegel, Hundskirsche oder Beinholz genannt. Stark duftender Strauch aus der Familie der Ölbaumgewächse mit lanzettförmigen, lederartigen Blättern und weißen Blütentrauben. Bildet erbsengroße schwarze Früchte aus, die über den Winter am Strauch bleiben. Blüte: Juni–Juli, Früchte: Sept.–Jan. | **Inhaltsstoffe** Flavonoide, Glykoside, bislang nicht exakt erforscht | **Vergiftungserscheinung** Magen-Darm-Beschwerden, Durchfälle, Benommenheit, Schockzustände, Lähmungen

57 Lupine

Schlecht als Tofu-Ersatz, noch schlechter fürs Vieh

Eine attraktive Pflanze, die in gefühlt 1.001 unterschiedlichen Farben und Untergattungen (unter anderem *L. luteus, L.albus, L. angustifolius, L. sericeus, L. caudatus*) existiert, wobei deren gesundheitsschädigende Wirkung ebenso unterschiedlich ausgeprägt ist. Lupinen sind aufgrund ihres hohen Eiweißgehalts seit dem Altertum als Futtermittel für Nutztiere beliebt, verursachen allerdings auch regelmäßig schlimme Vergiftungen, obwohl die heute eher kultivierten Süßlupinen einen weitaus geringeren Alkaloidanteil aufweisen und generell vorbehandelt werden sollten (dämpfen und wässern). Dennoch erkranken immer wieder Schafe, Ziegen oder Rinder an der gefürchteten »Lupinose«. Sie verweigern das Futter, erscheinen hochgradig erregt, zittern, leiden unter Krämpfen und Atembeschwerden und sterben. Kühe hingegen erkranken öfter an der »Crooked Calf Disease«, was schlimme Skelettmissbildungen zur Folge hat.

Besonders schädlich sind die Samen in den schwarzen Schoten. Trotzdem stehen Lupinen auch beim Menschen zunehmend öfter auf dem Speiseplan. Als Ersatz für Tofu und Tempeh, aber auch in Lebkuchen, Vollkornbrot, Fertigprodukten, Schokolade, Kaffee und Bier. Immerhin ist die hübsche Verwandte von Erbse und Ackerbohne laktose- und glutenfrei, kalorienarm, angeblich gut fürs Cholesterin und günstig in der Herstellung. Zumindest, sofern sie ordnungsgemäß behandelt wurde und eindeutig als Zutat ausgewiesen wird. Sonst kann sie immer noch lebensbedrohlich sein, wie im Fall einer 25-jährigen Erdnussallergikerin, die – nichts Böses ahnend – Hühnchen, Pommes und panierte Zwiebelringe aß und daraufhin beinahe einem anaphylaktischen Schock erlag. Laut Bundesinstitut für Risikobewertung reagieren mittlerweile jährlich immer mehr Menschen auf den Genuss von lupinenhaltigen Pizzen, Pommes oder Torten mit Atembeschwerden, Hautausschlägen, rinnender Nase, Erbrechen und Krämpfen.

Info Auch Wolfsbohne, Bitterbohne oder Feigbohne genannt. Mehrjährige Pflanze aus der Familie der Schmetterlingsblütler mit gefingerten Blättern und vorwiegend blauen, gelben oder weißen Blüten in Traubenformation. | Inhaltsstoffe Lupanin, Spartein und andere Alkaloide | Vergiftungserscheinung allergische Reaktionen, Herzrhythmusstörungen, Lähmung, Tod durch Atemstillstand

58__Maiglöckchen

Bärlauchersatz und Gehirnschnupfen

Der Legende nach wurde dieses edle botanische Geschöpf ja bereits zu biblischen Zeiten gerühmt. »Ich bin eine Blume zu Saron und eine Rose im Tal« (*Ego flos campi et lilum convallium*), heißt es etwa im Hohelied Salomos, Kap. 2, Vers 1. Mit großer Wahrscheinlichkeit war es zwar gar nicht das Maiglöckchen, das Salomon so beflügelte, aber daher stammt vermutlich der lateinische Name. Wobei die hübsche Blume in früheren Zeiten generell eher als Heilsbringerin denn als botanischer Bösewicht galt. Gut, um »Herz, Hirn und alle edlen Teile des Körpers« zu stärken, schrieb der italienische Arzt und Botaniker Pietro Andrea Mattioli, während Hieronymus Brunschwig das »Meyenblümleinwasser« gegen Gift und Ohnmacht empfahl. Damit nicht genug, wurde aus getrockneten und pulverisierten Blüten auch ein angeblich kopf- und nervenstärkender Schnupftabak hergestellt. Tinkturen und Essenzen hingegen versahen ihren heilsamen Dienst gegen Herzneurosen, Wechseljahrsbeschwerden, Wassersucht, Aussätzigkeit und ergrautes Haupthaar. Vermischt mit Elchsklauen, Bärengalle und einem pulverisierten Menschenschädel, sollte die graziöse Pflanze sogar epileptische Anfälle bekämpfen können. Zum Glück für die meisten Kranken werden die Glykoside der *Convallaria* bei oraler Aufnahme allerdings nur schlecht (zu circa zehn Prozent) resorbiert, was vermutlich so manchem das Leben rettete.

Heute leiden die Menschen aber weniger unter den Kollateralschäden unsachgemäß dosierter Maiglöckchen-Präparate, sondern vor allem unter kulinarischen Fehlgriffen während der Bärlauchzeit, mit – aber nur in Ausnahmefällen – sogar tödlichen Folgen. Und hin und wieder vergreifen sich kleine Kinder an den roten Beeren, die weitaus giftiger als die Blätter sind, spucken diese wegen des bitteren Geschmacks aber rasch wieder aus. Allein ein armer Hund musste seinen Hunger auf Grünzeug mit dem Tod bezahlen.

Info Auch Marienglöckchen, Maiblume, Graslilie, Nieskraut, Marienträne oder Weißwurz genannt. Liebliches, circa 15 Zentimeter hohes Spargelgewächs mit zwei bodenständigen Laubblättern und kurzstieligen, glockenförmigen, duftenden weißen Blüten in Traubenformation. Entwickelt zuerst grüne, danach rote, kleine Beeren. Blüte: April–Mai, Früchte: Juli–Aug. | **Inhaltsstoffe** Herzglykoside | **Vergiftungserscheinung** heftiger Durchfall, Erschöpfung, Herzrhythmusstörungen, Beklemmung, Herzstillstand

59 Märzenbecher

Gut gegen Alzheimer, schlecht für die Verdauung

Im Grunde kann man die beiden Schneeglöckchen, das Kleine und das Große, durchaus als zweieiige Zwillinge betrachten. Sie sehen sich – zumindest für ungeübte Augen – recht ähnlich, zählen beide zu den Amaryllisgewächsen, enthalten beide die toxischen Substanzen Galanthamin und Lycorin und wurden in der Vergangenheit auch des Öfteren »zwangsfusioniert«. So spricht etwa Samuel Hahnemann gleich von einer »Schneeglöckchenknotenblume«, über deren Knolle er berichtet, dass sie einen schleimigen, leicht bitteren Geschmack hat und Erbrechen hervorrufen soll. Letzteres ist aber meist erst ab mehreren Stück der Fall. Zudem stand der Absud ihrer Blüten im zweifelhaften Ruf, das Fieber zu beseitigen. Im Unterschied zu den meisten Giftpflanzen tun die Kleinen beziehungsweise Großen Schneeglöckchen sich allerdings weder durch besondere Gefährlichkeit noch durch bekannte Heilwirkungen hervor.

Allein in letzter Zeit kommt dem Galanthamin des *Galanthus nivalis* eine erwiesene Bedeutung im Kampf gegen Alzheimer zu. Zudem wird seit den 80er Jahren immer wieder behauptet, dass es sich bei der magischen Pflanze »Moly«, die Odysseus einst vor dem Zaubertrank der bösen Circe schützte, um das Kleine Glöckchen gehandelt haben könnte. »Milchweiß blühte die Blume«, schrieb einst Homer, und ihre Wurzel war schwarz. Und während die Gefährten von Odysseus das Gedächtnis verloren und sich in Schweine verwandelten, konnte der griechische Held sich dank »Moly« unbeschadet retten. Was für die Wirksamkeit des Frühlingsboten spricht, der heute erfolgreich gegen altersbedingte Erinnerungsschwächen und Sprachstörungen eingesetzt wird. Selbstversuche sollte man aber tunlichst vermeiden, denn der Verzehr von Schneeglöckchenzwiebeln kann mit etwas Pech zu heftigen Magen-Darm-Beschwerden, Bauchkrämpfen, Herzrasen, ja sogar Lähmungserscheinungen führen. Und das wird man so rasch bestimmt nicht vergessen.

Info Auch Frühlingsknotenblume, Großes Schneeglöckchen oder Hornungsblume genannt. Das Kleine Schneeglöckchen (*Galanthus nivalis*), auch Milchblume oder Weiße Jungfrau, wird wegen der Verwandtschaft und Ähnlichkeit hier mitbehandelt. Kleinwüchsiges, vorsommergrünes Amaryllisgewächs, aus dessen Zwiebel eine einblättrige Blattscheide entsteht. Einzelne glockenförmige weiße Blüten mit einem grünen Punkt an den Spitzen. Blüte: Feb.–April. *Galanthus nivalis* ist kleiner und hat nur an den inneren Blütenblättern einen grünen Punkt. | **Inhaltsstoffe** Galanthamin, Lycorin | **Vergiftungserscheinung** Durchfall, Erbrechen, Herzrhythmusstörungen, Speichelfluss, Benommenheit

60_Mistel

Botanischer Feind Hitlers

Spätestens seit Asterix ist die Mistel wohl allgemein bekannt. Was hätten die Gallier auch ohne Miraculix und dessen kräftigenden Zaubertrank gegen die vereinten bösen Mächte der Welt auszurichten vermocht? – Nichts, richtig. Nicht einmal gebratene Wildschweine hätten sie gehabt, weil Obelix zu schwach gewesen wäre, um eine ganze Sau k. o. zu schlagen. Doch Mistelextrakte waren keineswegs eine Erfindung von Uderzo und Goscinny, sie erfreuten sich unter den keltischen Druiden tatsächlich größter Beliebtheit als Heilmittel und Kultgegenstand. Am sechsten Tag vor Neumond geschlagen und mit dem Blut zweier Stiere vermischt, besiegte das Donnerkraut jegliches Gift. Zumindest der Legende nach. Und sollte auch noch vor Unholden, bösen Geistern und Blitzschlag schützen.

So viel aus dem Reich der frommen Wünsche. In Wirklichkeit zeigt sich das kuriose Gewächs zwar ungleich weniger magisch, aber zumindest als potentieller Verbündeter im alternativen Kampf gegen den Krebs, indem es das Tumorwachstum hemmt und die Abwehrkräfte stärkt. Dabei sollte man keinesfalls auf eigene Tränke und Tinkturen zurückgreifen, denn die Pflanze ist stets mehr oder weniger giftig, je nach Wirtsbaum und Wärmegrad. Misteln auf Ahorn, Walnuss, Robinie, Linde, Oleander oder Pappel sind sehr toxisch, solche auf Apfelbäumen eher weniger. Kaltauszüge sind recht heilsam, Hitze hingegen setzt Giftstoffe im Blattwerk frei. Besonders unangenehme Nebenwirkungen weisen die ledrigen Blätter übrigens im Winter auf, gerade dann, wenn Mistelzweige als Weihnachtsdekoration Saison haben. »Es sollen die Beern an den Misteln gar nicht jnnerlich in Leib gebraucht werden / dann sie demselbigen Schaden thun«, warnte bereits Tabernaemontanus. Und wenn es nach Hitler gegangen wäre, würde es überhaupt keine Misteln mehr geben, denn er konnte diese Pflanze wegen ihrer parasitären Lebensweise auf den Tod nicht ausstehen.

Info Auch Hexenbesen, Drudenfuß, Leimmistel, Knisterholz oder Donnerkraut genannt. Halbchmarotzender, immergrüner und kugelförmiger Strauch mit harten Blättern und kleinen gelblich grünen Blüten, aus denen sich weiße Beeren mit klebrigem Fruchtfleisch entwickeln. Sandelholzgewächs. Blüte: März–Mai, Früchte: Winter | **Inhaltsstoffe** Viscotoxine, Lektine | **Vergiftungserscheinung** Blutdrucksenkung, verlangsamter Puls, schwache Atmung, starker Durst, Krämpfe, Koliken und blutiger Stuhl. Die Beeren sind weitgehend ungiftig.

61 Mohn

Zum Strudel backen oder Leut' umbringen

Eins vorweg: Es gibt Hunderte Arten von Mohn, doch als Rauschgift gilt nur der Schlafmohn, dessen Anbau in Deutschland heute streng verboten ist. Früher war das anders, denn Mohn wurde bereits in der Jungsteinzeit kultiviert, ist Nahrungsmittel, Droge, Medikament und Zierpflanze zugleich, hat hässliche Kriege entfacht, schöne Träume beschert und sich selbst in der Literatur einen Namen gemacht. So schrieb Paul Celan in »Corona«: »Wir lieben einander wie Mohn und Gedächtnis« – eine offenbar recht widersprüchliche Liebe –, während Goethes Dr. Faust zu einer Phiole Mohnsaft sagt: »Du Inbegriff der holden Schlummersäfte, Du Auszug aller tödlich feinen Kräfte.«

Der Übergang vom Leben zum Tod war beim *Papaver* ohnedies meist fließend. Oft schaffte er Linderung von Kummer und Schmerz, hatte bei vielen Morden seine Säfte im Spiel, diente als riskantes Betäubungsmittel wie beim *Spongium somniferum*, das aus einer Mischung aus Mohn, Bilsenkraut, Alraune, Maulbeere, Lattich und Schierling bestand, oder wurde als Schlummertrunk für kleine Kinder gebraut, die danach in ewigen Schlaf fielen. Ähnlich erging es einigen Freiern der Berliner Prostituierten Rosa Gentschow, die statt im Lotterbett im Leichenschauhaus landeten. Aber auch die aktuellen Trends, sich aus Ziermohnkapseln des Blumenladens einen »O-Tee« oder eine »polnische Suppe« zu kochen, enden immer wieder in den Armen des Morpheus. Selbst die kaum psychoaktiven Sorten Klatschmohn und Islandmohn können für ernste Vergiftungen sorgen. So verschafft *Papaver rhoeas* Pferden und Schweinen epileptische Anfälle, während *Papaver nudicaule* im Kräutertee vereinzelt schwer auf Magen und Darm schlug. Den besten – wie auch ungefährlichsten – Gebrauch der saftigen Samenkapseln machen vermutlich die Österreicher, denn dort sind primär Mohnstrudel, Mohnweckerl und Mohnkuchen in aller Munde, was höchstens der Bikinifigur schadet.

Info Einjährige Pflanze mit haarigem Stängel, gezähnten Blättern und luftigen Blüten (Klatschmohn rot, Islandmohn bunt, Schlafmohn weiß violett). Nach der Blüte erscheinen grüne, aufrechte und große Samenkapseln. | **Inhaltsstoffe** Morphin, Opiumalkaloide (Schlafmohn), Rhoeadin (Klatschmohn), Isochinolin (Islandmohn) | **Vergiftungserscheinung** Krämpfe, Müdigkeit, Übelkeit; Schlafmohn: Muskelerschlaffung, Tiefschlaf, Gesichtsrötung, Pupillenverengung, Tod durch Atemstillstand

62__Muskatnuss

Halluzinogene Tigermilch, riskanter Nervenkeks

Klein, aber oho! Das gilt für die Muskatnuss mit ihren vielfältigen »inneren« Werten. Zwar kam diese aromatische Beere erst im Mittelalter nach Europa, ist seit damals aber nicht mehr aus der heimischen Küche oder einer naturnahen Hausapotheke wegzudenken. Ohne sie wäre Kartoffelbrei eine betrüblich fade Angelegenheit. Und die meisten Suppen auch. Zudem hat Otto Normalverbraucher seitdem stets ein probates Mittel gegen Potenzprobleme, Durchfall, Stress und Bronchialkatarrh zur Hand, ohne, wie im Mittelalter, gleich eine halbe Kuh dafür berappen zu müssen.

Die würzige Samenkugel sorgt aber nicht nur für guten Geschmack, sondern auch für gute Laune – sofern man Vorsicht und Fingerspitzengefühl beweist. Nicht so wie Hildegard von Bingen mit ihren legendären Nervenkeksen, welche »die Bitterkeit des Herzens und des Geistes dämpfen und die stumpfen Sinne öffnen sollten«. Laut (möglicherweise falsch weitergegebenem) Rezept mit 45 Gramm (!) geriebener Muskatnuss auf ein Kilo Dinkelmehl. Eine derartige Menge würde heute bereits unter die Suchtmittelverordnung fallen, denn bereits Mengen ab fünf Gramm gelten als toxische Dosis. Mit entsprechenden Folgen wie Schweißausbrüchen, Herzrasen, Todesangst, Halluzinationen, Delirium und – sollte die Naschkatze gerade schwanger sein – auch dem Verlust des Fötus. Immerhin galt die Muskatnuss jahrhundertelang als effizientes Abortivum. Über die gesunden Stränge hat man bis vor gar nicht langer Zeit auch in Österreich geschlagen, wo es als trendig galt, mit Rum und Muskat versetzte »Tigermilch« zu trinken, wobei die pulverisierte Droge auch mit Wasser wirkt, wie Malcolm X berichtet. Zum Glück ist diese billige Variante von Ecstasy mittlerweile aus der Mode gekommen. Ein paar Gläser berauschender Muskatellerwein sind da eindeutig die bessere Alternative für einen gelungenen Abend.

Info Immergrüner, bis zu 20 Meter hoher Baum mit kegelförmiger Krone. Weibliche Bäume entwickeln fleischige, marillenartige Früchte, die platzen und den Samen (Muskatnuss) freigeben. | **Inhaltsstoffe** Myristicin, Elemicin, Safrol | **Vergiftungserscheinung** Schwindel, Delirium, Angina pectoris, Verlust von Seh- und Sprechvermögen, geistige Verwirrtheit bis hin zur Psychose, Herzrasen, Abortus, Tod. Die Wirkung wird durch Alkohol verstärkt und tritt oft erst Stunden nach Einnahme ein.

63 Nachtschatten

Magisches Kraut für Hexen, Rosstäuscher und Chirurgen

Bittersüßer Nachtschatten, ein wunderschöner Name für ein wundersames Gewächs, das seit der Antike wegen seiner guten wie bösen Seiten bekannt ist. Wie bereits der Name *Solanum* andeutet, versprechen diese Pflanzen einerseits Trost *(solamen)* beziehungsweise Linderung *(solari)*, andererseits aber schlimmste Alpträume. In alten Zeiten kam das Kraut gegen nächtliche Samenergüsse ebenso zum Einsatz wie bei Geschwüren, Gelbsucht oder »keuchenden Pferden«. Der Dominikanermönch Theodorich berichtet, dass eine Mixtur daraus im 13. Jahrhundert als Narkotikum der Chirurgen diente, und Lonicerus (Adam Lonitzer, deutscher Botaniker und Arzt) empfahl die Pflanze als gut gegen zerschwollene Brüste und dem sanften Stuhlgang sehr förderlich. Sogar Schlafwandler sollen durch sie zur Ruhe kommen. In vielen Ländern wird *Solanum* auch als gemüsiger Spinatersatz angebaut.

Doch was wäre ein Nachtschattengewächs ohne Schattenseiten? So war das Schlafkraut Bestandteil vieler Hexensalben, spielt als »Schlafsüß« in der TV-Serie »Game of Thrones« eine giftige Rolle und kam im Kult der Hekate (griechische Göttin der Magie und Nekromantie) zu blutigen Ehren, wenn im Zuge schwarzmagischer Rituale ein Menschenopfer dargebracht wurde, flankiert von Büscheln an Nachtschatten. »Tot ist das Tier! Ich spende Blütenpracht, Der Dämm'rung Saat, geerntet in der Nacht …«, steht in »Orpheus« des britischen Okkultisten Aleister Crowley nachzulesen. Heutzutage scheint das Schlafkraut aber viel von seinem Gift verloren zu haben, denn aus der einst angeblich letalen Dosis von zehn Beeren wurden mittlerweile bereits 100, und die Giftinformationszentren vermelden kaum Probleme damit. Die reifen Beeren sind wegen ihres süßlichen Nachgeschmacks bei Kindern zwar recht beliebt, enthalten aber nur wenige toxische Stoffe, etwas gefährlicher sind allein die Stängel und unreifen grünen Beeren.

Info Auch Judenholz, Schlafkraut, Bittersüß, Mäuseholz, Hirschkraut, Wolfsbeere, Jelängerjesüßer, Alpranke, Sautod, Mondscheinkraut oder wilde Stickwurz genannt. Ähnlich *Solanum nigrum*, der Schwarze Nachtschatten. Kriechender oder kletternder Strauch mit eiförmigen Blättern, langstieligen violetten Blüten, die erst grüne, dann rote, hängende Beeren entwickeln. Blüte: Juni – Sept., Beeren: Aug. – Okt. | **Inhaltsstoffe** Alkaloide, Saponine | **Vergiftungserscheinung** Erbrechen, Durchfall, Lähmungen, Schweißausbrüche, Benommenheit, Tod

64 Narzisse

Schlecht für Zwiebelsuppen und Salate

Narzissen läuten die österliche Auferstehung ein, könnte man meinen, doch manch einen lassen sie stattdessen krank daniederliegen. Zumindest, wenn man ihnen an die lycorinhaltigen Zwiebeln geht. Zur Zeit des Plinius und des Dioskorides galten gerade die Knollen als gängiges Heil- und Brechmittel, wurden gegen Schnupfen, Asthma und Bronchitis eingesetzt, und Hippokrates empfahl Frauen mit Gebärmutterproblemen im »Corpus Hippocraticum« sogar, nach einem Dampfbad den Muttermund wegzuziehen, »dann soll man – nach einiger Zeit – Meerzwiebel einführen, dann ein Mittel mit Narzisse«. Eine Praxis, die eher an Foltermethoden erinnert. Immerhin kann man – und leider auch frau – gerade durch die toxischen Zwiebeln sterben.

Narzissus poeticus, wegen des betörenden Duftes Dichternarzisse genannt, ist übrigens noch viel giftiger.Peter Vint berichtet im »Neuen Clark« von einer ganzen Familie, die nach dem Genuss eines Zwiebelsalats, in den nicht nur küchentaugliche Exemplare geschnitten wurden, mit Ohnmachtsanfällen, Bauchschmerzen und schrecklich kneifenden Stühlen« im Krankenhaus landete, ein Schicksal, das vor gar nicht langer Zeit auch drei Kärntner ereilte, weil sie die toxischen Knollen in eine Wildkräutersuppe gaben. Auch Orfila, der erste Giftpflanzenexperte Europas, befand 1823 »das Extract der Narcissenzwiebel« als durchaus tödlich. Bereits 15 Gramm befördern einen gesunden, ausgewachsenen Hund in die ewigen Jagdgründe, und selbst Blüten und Blätter der Osterglocke haben ihre Tücken. So benötigten 2024 zwei Kinder den Notarzt, da ihre Eltern ihnen statt Schnittlauch das Grün dieser Giftpflanzen pürierten. Außerdem handeln sich Legionen von Gärtnern beziehungsweise Floristen zur Osterzeit regelmäßig eine schwere Narzissendermatitis ein. Daher gilt, wie in englischen Gärten gerne plakatiert: »*Don't eat the daffodils.*«

Info Auch Osterglocke, Märzstern, Gänsekragen oder Trompetennarzisse genannt. Mehrjähriges Amaryllisgewächs mit grundständigen, dünnen Blättern und einem hohen, blattlosen, einblütigen Stängel. Die Blüte der Zwiebelpflanze ist gelb (bei Dichternarzissen weiß) und glockig. Blüte: März–Mai | **Inhaltsstoffe** Lycorin, Galanthamin, Oxalat-Raphide | **Vergiftungserscheinung** Erbrechen, Durchfall, Lähmungen, Schweißausbrüche, Benommenheit, Tod

65__Oleander

Mord mit Oleandermilch oder -kaffee

Dieser sommerlich duftende Strauch mit mediterranem Flair dürfte eigentlich nur mit Totenkopfsymbol verkauft werden, so viele Opfer hat er schon gefordert. Einst mit gutem Recht als Giftrosenbaum bekannt, bezeichnete ihn der Botaniker Hieronymus Bock als »Unholdenkraut«, das ein »onfreundliches gewächs, vihe und leutten schedlich« sei. Auch der Homöopath Hahnemann spricht vom »Unholdoleander« und schreibt dessen recht bitterem Genuss Herzensangst, Kälte und Anschwellung des Unterleibs zu.

Der pflanzliche Serienkiller hat aber noch viel mehr zu bieten. Als Aufguss wurde er zu Selbstmord- oder Abtreibungszwecken verwendet, mit sozusagen todsicherem Erfolg. In Italien brachten sich häufig junge Männer um, weil sie die Gifte der Pflanze nutzen wollten, um bei der militärischen Musterung herzleidend zu erscheinen oder malariaartige Zustände zu simulieren. Einer von ihnen bekam hohes Fieber, starke Leibschmerzen, Blutharne und Diarrhö und verstarb nach eineinhalb Tagen, berichtet der deutsche Toxikologe Louis Lewin. Selbst im Zuge einer Radikaldiät haben mollige Mädchen früher am Blattwerk geknabbert, was allerdings zu einer Abnahme an Lebenskraft, nicht an Leibesumfang geführt hat. Immerhin gelten bereits fünf Blätter als letale Dosis. Sogar Oleanderhonig kann lebensgefährlich sein. Zudem sterben in mediterranen Gefilden wie auch den USA nach wie vor Menschen und Tiere, weil sie die Zweige der Büsche als Grillspieße oder zum Stöckchenwerfen mit dem Hund verwenden. In Amerika brachte eine Frau sogar ihren unliebsamen Gatten mit einem Tee aus Oleanderblättern um, weshalb ihr nun die Todesstrafe droht. Im Orient hingegen wurde die grausame Praxis der Oleandermilch praktiziert. War ein Säugling unerwünscht, dann gaben Vater oder Großvater ihm ein frisches Zweiglein zum Kauen, und Stunden später verstarb der bedauernswerte Nachwuchs.

Info Auch Giftrosenstrauch genannt. Bis zu fünf Meter hohes Hundsgiftgewächs mit lederartigen, lanzettförmigen Blättern und großen, fünfspaltigen Blüten in Trugdolden. Blüht den ganzen Sommer lang. | **Inhaltsstoffe** Oleandrin, Cardenolidglykoside | **Vergiftungserscheinung** ab einem Samen oder 15 Gramm Blattmaterial letal, rote Blüten giftiger als weiße; Krämpfe, Schock, Herzrhythmusstörungen, erweiterte Pupillen, Atemnot, blaue Lippen und Hände, Tod nach wenigen Stunden

66__Osterluzei

Vom Schlankheitstee zum Nierentumor

Ein unauffälliges Unkraut, das dem Namen nach (*aristos*, das Beste, und *locheios*, gebären) als idealer Geburtshelfer galt, zumindest in der antiken griechischen Arzneimittellehre, wo die Wurzelextrakte als wehenfördernd galten, aber auch so manchen Abortus in die Wege leiteten. Zudem »gebraucht man sie gekocht, um hartnäckige Geschwülste zu zerteilen«, so Adelbert von Chamisso. Das Wehen- und Wundheilwundermittel stand zudem im Ruf, heilsam gegen Schlangenbisse zu sein, was die heutige Wissenschaft in Ansätzen bestätigt. Wegen ihrer lebensbedrohlichen Nebenwirkungen sind Präparate der Osterluzei in Deutschland allerdings seit 1982 verboten. Und zwar aus gutem Grund. Übergewichtige Frauen etwa, die zu TCM-Schlankheitstees griffen, in denen Osterluzeiblätter und -blüten enthalten waren, büßten ihre vermeintlich gesunde Diät mit fibrösen Nierenentzündungen, denjenigen, die zu heimischen Produkten aus eigenhändiger Wildsammlung griffen, erging es wenig besser. Statt verlorener Pfunde stellten sich heftige Magen-Darm-Beschwerden bis hin zur Tumorbildung ein.

Am schlimmsten allerdings erging es Bulgarien und einigen angrenzenden Ländern. Mitte der 50er Jahre erkrankten dort haufenweise Menschen an der sogenannten Balkan-Nephropathie, die häufig mit Nierenversagen oder Harnwegstumoren endete, weil ihr Mehl durch Aristolochiasäure verunreinigt war. Schuld daran trugen die Samen der Osterluzei, die mit dem Getreide vermengt wurden. Ein schleichender, unauffälliger Tod, den man natürlich keiner Erbtante wünschen würde. Diese Säure gilt übrigens als eine der gefährlichsten krebserregenden Substanzen weltweit, denn sie schädigt Zellen und Erbgut und regt die Tumorbildung an. In Taiwan konsumierte laut Medienberichten sogar ein Drittel der Bevölkerung TCM-Aristolochia-Präparate. Mit fatalen Folgen wie eben bösartigen Geschwüren in Nierenbecken und Harnleiter.

Info Auch Donnerwurz, Lieberwurz, Löffelkraut, Falsche Hohlwurz oder Wolfskraut genannt. Mehrjährige, krautige Pflanze mit herzförmigen Blättern und röhrenartigen gelblichen Blüten in den Blattachseln. Unangenehmer Geruch. Blüte: Mai – Sept. | **Inhaltsstoffe** Aristolochiasäure | **Vergiftungserscheinung** Krämpfe, Blutdrucksenkung, Tod im Koma (bei Überdosierung); Nierenentzündungen, Harnwegs- und Nierenbeckentumore (bei regelmäßiger Anwendung)

67 Palmfarn

Urwüchsiger Hundstod

Der Palmfarn, der keine Palme ist, sondern nur ähnlich aussieht, zählt zu den Dinosauriern der Botanik, gilt also stammesgeschichtlich als Relikt einer urzeitlichen Flora. Schon vor 300 Millionen Jahren gab es sie. Wildwüchsig kommt er heute vor allem in Ostasien vor, findet sich aber zuhauf in heimischen Blumenläden und Supermärkten. Meist zu Diskountpreisen und ohne Warnhinweis auf seine Giftigkeit. Dabei wissen Tierhalter und Tierärzte mittlerweile ein langes und trauriges Lied von der Giftwirkung dieser Zimmerpflanze zu singen. In nicht einmal fünf Jahren haben Palmfarn-Vergiftungen angeblich um 200 Prozent zugenommen, oftmals auch mit tödlichem Ausgang für den Vierbeiner. »Mein Hund knabberte am Wurzelstock, und kurz darauf brach er mit gelbem Schaum vor dem Maul und unter schrecklichen Krämpfen zusammen. Am Tag darauf verstarb er durch Leberversagen.« So oder ähnlich lauten die Berichte, die man regelmäßig zu hören bekommt. Immerhin gelten bereits zwei Samen als letale Dosis für einen Wuff.

Aber nicht nur für Hunde, auch für Katzen, Kaninchen und kleine Kinder sind die Wurzeln und Samen der falschen Palme wegen ihrer toxischen Glykoside lebensbedrohlich. Sogar eine krebserregende, tumorauslösende und erbgutschädigende Wirkung wird ihr nachgesagt. Dennoch galt und gilt ausgerechnet dieser Hybrid aus Palme und Farn als leicht verfügbarer Stärkelieferant. Man muss das aus den inneren Teilen der Stämme gewonnene Mark nur entsprechend oft wässern, um die Giftstoffe zu eliminieren. Danach wird es zu Mehl beziehungsweise Brot verarbeitet oder zu Ambuyat, einem sämigen Brei, der es in Brunei sogar bis zum Nationalgericht gebracht hat. Aufgrund regionaler Unterschiede wird dafür allerdings oft eine andere Art, die *Metroxylon sagu*, verwendet, was heimischen Topfpflanzenbesitzern aber egal sein kann. Für sie gilt: Palmfarn ist kein Nahrungsmittel.

Info Auch als Sagopalme bekannt. Zierbaum mit kurzem, walzenförmigem Stamm und palmenähnlichen, harten Fiederblättern, die wie ein Schopf angeordnet sind. | **Inhaltsstoffe** Cycasin | **Vergiftungserscheinung** Krämpfe, blutiges Erbrechen, Durchfall, Zittern, Koma, Lähmungen, Leberschäden bis hin zum Leberversagen

68_Pestwurz

Tee trinken bis zum Leberversagen

Mit Schönheit kann die Pestwurz zwar nicht punkten, dafür aber mit einer unglaublichen Vielfalt an Einsatzgebieten und Verwendungszwecken. Wegen ihrer riesigen Blätter wurde sie einst sogar als prähistorisches Toilettenpapier genutzt, oder man hat sich die großformatigen Dinger während der Feldarbeit als Sonnenschutz auf den Kopf gesetzt. Selbst als Grabbeigabe tauchten die Pflanzen in Hallstatt auf.

Aber die Giftwurz war nicht nur praktisch, sie stand auch im vielfältigen Dienst von Naturheilkunde und Medizin. Seit der Antike wurden Blättern wie Wurzeln denkbare und undenkbare Wirkungen nachgesagt. Schleimlösend, schweißtreibend und schmerzstillend sollen sie sein, gegen bösartige krebsige Geschwüre helfen sowie Mensch und Tier Würmer aus dem Leib treiben. Wegen ihres unangenehmen Geruchs nahm man im Mittelalter sogar an, die Pflanze würde die Pest in die Flucht schlagen. Und Tabernaemontanus merkt recht kryptisch an: »Das Pulver von dieser Wurtzel mit Wein getruncken / ist gut den Weibern / so von wegen der auffsteigenden Mutter dahin fallen / als wenn sie todt weren. Auff gleiche weiss gebraucht / ist es gut wieder das Bauchgrimmen / COLICA genennt.«

Im 18. Jahrhundert ging die medizinische Karriere der Pflanze allerdings langsam zu Ende. Heute dient das Gewächs vor allem als Mittel gegen Migräne und Spannungskopfschmerz, und das holt man sich besser aus der Apotheke, denn Wildsammlungen können mitunter recht gefährlich sein. *Petasites* enthält eindeutig eine beachtliche Menge an Pyrrolizidinalkaloiden, welche die Leber zu toxischen Stoffen umbaut, was zur gefürchteten Lebervenen-Verschlusskrankheit (hepatische VOD) führen kann und leider auch immer wieder führt. Vor einiger Zeit verstarb sogar ein Säugling, weil dessen Mutter während der Schwangerschaft einen huflattichartigen Tee getrunken hatte, der in Wahrheit Pestwurzblätter enthielt.

Info Auch Falscher Huflattich, Falscher Rhabarber, Neunkraft, Rosspappel oder Giftwurz genannt. Robuste Pflanze aus der Familie der Korbblütler, deren behaarte Blätter an Rhabarber erinnern und die einen Durchmesser von bis zu einem Meter haben können. Zuvor entwickelt die Pflanze bizarre rötlich weiße Blüten in endständigen Trauben. Blüte: März–Mai | **Inhaltsstoffe** Pyrrolizidinalkaloide | **Vergiftungserscheinung** Appetitlosigkeit, Mattigkeit, anschwellender Unterleib, Leberschäden bis hin zur Leberzirrhose; zudem möglicherweise erbgutschädigend und krebsauslösend

69 Petersilie

Giftpflanze, Gewürzdroge und Geilkraut

Eins vorweg: Im Unterschied zur lebensbedrohlichen Hundspetersilie, die glänzende, glatte Blätter besitzt und unangenehm riecht, kommt das aromatische Küchenkraut recht harmlos daher. Zumindest, wenn es in der Suppe oder auf den Bratkartoffeln landet. Bei Teekuren oder püriert als Smoothie hingegen sollte man bereits etwas Fingerspitzengefühl bei der Dosierung beweisen, denn Blüten und Samen können wegen ihrer Wirkung auf den Uterus zu einem – gewollten oder ungewollten – Schwangerschaftsabbruch führen. Was schon im Mittelalter bekannt war, weshalb die Pflanze als botanisches Viagra für Männer und probates Abortivum für Frauen gehandelt wurde. Der Volksmund erinnert sich heute noch daran, wenn er meint: »Petersilie hilft dem Mann aufs Pferd und der Frau unter die Erd'.«

Das Gewürz besitzt aber auch eine psychedelische Seite, über die Hildegard von Bingen schrieb: »Im Geist des Menschen erzeugt sie Ernst.« Laut der »Enzyklopädie der psychoaktiven Pflanzen« wirkt Petersilie wegen ihres Inhaltsstoffes Myristicin »leicht erregend, berauschend und eventuell leicht halluzinogen«. Und vermutlich auch leistungssteigernd. Der österreichische Autor Robert Menasse etwa kaut während seiner schöpferischen Phasen gern an den Stängeln und bezeichnete seine Werke einmal sogar als »Stoffwechselprodukt von exzessivem Petersilienkonsum«. Richtig high wird man allerdings nur durch den Konsum von Samen, Wurzeln oder Öl. In der Schweiz wurde dieses ecstasyähnliche Rauschmittel bereits als Einstiegsdroge bewertet, und in speziellen Drogenforen tauschen sich überraschend viele online über dessen Wirkungen und Nebenwirkungen aus. So warnt »Rumpelstilzchen« vor den Risiken schwerer Leberschäden, während »Träumer« von euphorischen Zuständen und einer aufgeputschten, kokainähnlichen Körperlichkeit berichtet. »Durchfälle und Blähungen« seien aber stets vorprogrammiert.

Info Giftpflanze des Jahres 2023, auch als Geilkraut bekannt. Zweijährige Gewürzpflanze aus der Familie der Doldenblütler mit glatten oder krausen, stark gefiederten Blättern und intensivem Geruch. | **Inhaltsstoffe** Apiol, Myristicin | **Vergiftungserscheinung** Magen-Darm-Beschwerden, Nieren- und Leberschäden, Uteruskontraktionen, Abort

70_Pfaffenhütchen

Der Knollenblätterpilz unter den Pflanzen

Schon den wenig auffälligen Blüten des Pfaffenhütchens sagte der griechische Naturforscher und Philosoph Theophrastus (371–287 vor Christus) einen üblen Geruch nach Mord nach. Dabei sind die Früchte dieses gemeinen Gewächses noch weitaus lebensbedrohlicher. Immer wieder kosten sie vorwiegend Kinder das Leben, obwohl die Beeren recht ekelhaft schmecken. Bereits drei der schmucken orangeroten Samen reichen für einen Krankenhausaufenthalt, ab circa 30 Stück geben sogar ausgewachsene Menschen den Löffel ab. Als Konfitüre demnach das ideale Mordinstrument, umso mehr, als die Symptome einer Pfaffenhütchen-Vergiftung, ähnlich dem Knollenblätterpilz, oft verzögert nach 12 bis 18 Stunden auftreten. Dann ist es für »Erste« Hilfe längst zu spät.

Dennoch besaß dieser Baumwürger als Kosmetik- und Naturheilmittel einst eine gewisse Bedeutung. Pulverisierte Früchte wurden früher oft mit Butter vermengt und gegen Läuse aufs Haupt geschmiert, während man mit Auszügen der gefürchteten Krätze den Garaus zu machen versuchte. Besonders Wagemutige haben sich sogar die Haare damit blondiert, ganz nach dem Motto »Schönheit muss leiden«, doch die Nebenwirkungen haben vermutlich oft die Wirkungen übertroffen. So berichtet Hahnemann über dieses »widrig riechende Gewächse«: »In ältern Zeiten gepülvert als ein Hausbrechmittel sind gebraucht worden, vier Stück auf die Gabe; ein Verfahren, welches in seiner Rohheit keine Nachahmung verdient.« Ein 43-jähriger Mann hat es trotzdem nachgeahmt und zweimal kurz hintereinander gleich 18 der »Brechkörner« vertilgt. Ob er danach erbrechen konnte, ist zwar nicht überliefert, doch litt er unter furchtbaren Leibschmerzen, völliger Erschöpfung, tetanischen Zuständen und kalten Gliedmaßen und verstarb nach schwerem Leiden. Allein die meisten Vogelarten können die Früchte des Spindelstrauchs problemlos verdauen.

Info Auch Spindelstrauch, Bischofskappl oder Rotkehlchenbrot genannt. Baumwürgergewächs, das bis zu vier Meter hoch werden kann, mit leicht rötlichen Blättern, kleinen gelbgrünen Blüten und hellroten Früchte in Kapseln, die von einem orangen Samenmantel umgeben sind. Blüte: Mai–Juni, Beeren: Sept.–Okt. | Inhaltsstoffe Cardenolide und toxische Alkaloide | Vergiftungserscheinung Krämpfe, Schockzustand, Koliken, Leber- und Nierenschäden, Herzrhythmusstörungen, oft Koma und Tod

71 Pfingstrose

Schön fürs Auge, schlecht für die Zähne

Angeblich verdankt dieses wunderhübsche botanische Geschöpf seinen Namen ja dem Gott Paeon, der den durch Herkules im Trojanischen Krieg verwundeten Pluto heilte, was der Schüler Äskulaps allerdings selbst mit dem Leben bezahlen musste. Seitdem spielt diese Zauberpflanze in Magie und Hexenwesen eine ebenso wichtige Rolle wie in der Naturheilkunde. Im Umgang mit einem so mächtigen Gewächs ist allerdings Vorsicht angebracht. So wusste der deutsche Botaniker Otto Brunfels zu berichten: »Und spricht Plinius, desgleichen Theophrastus, wann sie diese Wurzel haben wöllen graben, so muss es bei Nacht geschehen, etlicher Gefährlichkeiten halben die sie bei Tag hätten müssen darüber bestehen, von wegen des Spechtes, Pici Martii genannt, dieser sticht nämlich bei Helligkeit dem Menschen die Augen aus.« Hatte man sie auf derart abenteuerlichem Wege in seinen Besitz gebracht, dann war man dank der dunklen Samenkörner gegen Alpdrücken und böse Geister gefeit. Kränkliche Frauen hingegen brauchten nur an die 15 Samen in roten Wein zu tunken, um ihre weiblichen Leiden loszuwerden. Und gegen Gicht sowie Fallsucht war die seinerzeit als Hahnenfußgewächs klassifizierte Päonie ohnedies erste Wahl.

Nur die Sache mit den Samenketten, die dem Nachwuchs als Schutz gegen Alpträume und Zahnschmerzen um den Hals gehängt wurden, erwies sich als keine gute Idee. Pfingstrosen sind als tödliche Gabe an die Schwiegermutter zwar wenig wirksam, doch beim Verzehr von Blütenblättern oder Samen kommt es immer wieder zu lästigen Durchfallerkrankungen und kolikartigen Bauchkrämpfen, unter denen vor allem Kinder leiden. Trotzdem erfreuten sich die im süddeutschen Raum als »Apolloniakörner« bekannten Zahnheilaccessoires – zu Ehren der heiligen Apollonia, der Schutzheiligen aller Zahnleidenden – großer Verbreitung. Und sorgten für viel Bauchgrimmen bei den Kleinen, die verbissen daran nagten.

Info Auch Knopfrose, Prangerrose, Päonie, Schreckkorn, Benediktinerrose, Apollonienwurz oder Gichtrose genannt. Mittelhohe Pflanze mit dreizähligen Blättern und großen, intensiv duftenden Scheibenblumen. Bis zum Herbst entwickelt jede Blüte mehrere zottelige Balgfrüchte. Blüte: April–Mai | **Inhaltsstoffe** Monoterpenester-Glykoside, Flavonoide, Gerbstoffe | **Vergiftungserscheinung** Koliken, Erbrechen, Durchfall, Krämpfe; am gefährlichsten für Kinder, Katzen und Hunde

72 Pfirsich und Aprikose (Marille)

Tödliche Krebsprophylaxe und antikes Mittel der Todesstrafe

»Die Pfersing / wie DODONAEUS [Rembert Dodoens] schreibet / sind dem Magen gar schädlich / geben auch dem Leib gar keine Nahrung / sondern sie faulen gar leichtlich / sonderlich wann man sie nach der anderer speiss gebrauchet / alsdann verderben sie auch andere Speiss / daher dann vielerley Schwachheiten / fürnemlich aber faule Magenfieber verursacht werden«, notierte Tabernaemontanus und sprach der leckeren Frucht damit jeglichen kulinarischen Wert ab. Stattdessen rät er zu den blausäurehaltigen Kernen: »Pfersingkern klein zerstossen / unnd mit Wein getruncken / eröffnen die verstopffte Leber und das Miltz.« Aufgrund ihrer toxischen Inhaltsstoffe bietet der Verzehr von Steinobstkernen aber vor allem gute Aussichten auf Krankheit, Siechtum und Tod. Der Amygdalingehalt von Aprikosen und Pfirsichen ist besonders hoch, weshalb im alten Ägypten angeblich Pfirsichkerne zur Vollstreckung von Todesurteilen verwendet wurden.

Aber auch die Samen der Marille sind nicht ohne. In Palästina etwa, wo oft Süßspeisen mit nicht entkerntem Steinobst gegessen werden, kommt es immer wieder zu tödlichen Vergiftungen. Hierzulande hingegen enden Kernbeißer vor allem aufgrund alternativmedizinischer Praktiken auf der Intensivstation. Der Irrglaube, Pfirsich- und Marillenkerne würden als Krebsheilmittel taugen, fordert Jahr für Jahr seine Opfer. Also Hände weg vom sogenannten Vitamin B17, hinter dem sich das hochgiftige Amygdalin verbirgt. Ob als Frucht frisch vom Baum oder als Fertigpräparat, spielt hierbei keine Rolle. Ein 67-jähriger Pensionist fand sich nach regelmäßigem Genuss eines hausgemachten Aprikosenkernextraktes ebenso im Krankenhaus wieder wie ein kleines Kind, das versehentlich die Vitaminpillen der Eltern vernascht hatte.

Info Sommergrüne Obstbäume aus der Gattung der Rosenartigen, die bis zu acht Meter hoch werden und im Frühling kleine weiße oder rosafarbige Blüten tragen, aus denen sich im Herbst die Früchte entwickeln. | **Inhaltsstoffe** Amygdalin (Blausäure-Cyanid wie bei Bittermandeln) | **Vergiftungserscheinung** Schwindel, Erbrechen, rötliche Hautfarbe, zunehmende Lähmung, Bewusstlosigkeit, Atemstillstand

73 Platterbse

Nahrungsmittel, das Beine und Gedanken lähmt

»Ohne Zweifel ist das phlogistische Betäubungsgift in dem mehligen Gallerte der Pflanze (Platterbse) so verwickelt, dass es nur nach dem vollendeten Verdauungsgeschäfte Freiheit bekommt, in das Blut überzugehen und sich an die Muskelfasern anzuhängen …«, vermerkte Johann Friedrich Gmelin, ein deutscher Naturwissenschaftler und Arzt, 1777 in seiner berühmten »Allgemeinen Geschichte der Gifte«. Auch wusste er bereits, dass der häufige Gebrauch des Samens eine Steifigkeit in den Gelenken der Füße nach sich gezogen und Personen hinkend gemacht hatte. »Eine ganze Familie aß Brod davon und ward an Schenkeln und Knien gelähmt.« Heute nennt man diese durch den regelmäßigen Verzehr Deutscher Kichererbsen hervorgerufene neurologische – und leider chronische – Erkrankung »Lathyrismus«. Während der Befreiungskriege gegen Napoleon etwa ernährten sich Abertausende Spanier von diesen unseligen, wenngleich recht eiweißhaltigen Hülsenfrüchten, wodurch sie zunehmend unter gelähmten Beinen und Hirnschäden litten. Francisco de Goya hat diesen bedauernswerten Zustand in seinem Bild »Sanos y enfermos« (»Die Gesunden und die Kranken«) festgehalten.

Kriegsgefangenen der beiden Weltkriege erging es oft wenig besser. Wochenlang bekamen sie nur »braune Erbsen« zu essen und verloren nach und nach die Beweglichkeit ihrer unteren Extremitäten. Besonders schlimm daran sind die geringen Aussichten auf Heilung. Hierzulande ist die einst *Crurum impotentia* oder *Imbecillia* genannte, meist epidemisch auftretende Plage zwar mittlerweile kein Thema mehr, könnte aber durch trendige und vegane Ernährungsweisen erneut zu einem werden. Lupinenkaffee und Platterbsenfalafel erfreuen sich in alternativen Kreisen stetig wachsender Beliebtheit. Doch solange man die Früchte ausreichend wässert, richtig zubereitet und nicht zu oft konsumiert, hält sich die Gefahr, in den Beinen »impotent« zu werden, in Grenzen.

Info Auch Gartenwicke, Edelwicke, Kicherling, Saatwicke oder Deutsche Kichererbse genannt. Rankpflanze aus der Familie der Hülsenfrüchtler mit gefiederten Blättern und verschiedenfarbigen Blüten (rot, blau, weiß, lila), die später Schoten mit erbsenartigen Samen entwickeln. | **Inhaltsstoffe** Neurotoxische Aminosäuren, Allantoin | **Vergiftungserscheinung** Muskelspasmen, spastische Lähmung, Blasenfunktionsstörung, Ödeme

74 Primel

Hautreizend und allergieauslösend

Kaum ein Haushalt, der sein Leben lang ohne die dekorativen Primeln auskommt, die besonders in der dunklen Jahreszeit durch ihre bunten Blüten etwas Farbe ins Ambiente bringen. Ein botanischer Stimmungsaufheller sozusagen, der meist wenig kostet und nach viel aussieht. Zumindest solange man nicht allergisch auf Primin, ein hautreizendes Sekret der Pflanze, reagiert. In diesem Fall bleibt einem nämlich bereits beim Betreten des Vorzimmerflurs garantiert die Luft weg. Primin, das zu den stärksten Kontaktallergenen weltweit zählt, wurde zwar ausreichend erforscht, doch Züchtungen ohne diesen Wirkstoff sind bislang nur vereinzelt gelungen.

Die asiatischen Verwandten der heimischen, wildwüchsigen Schlüsselblume bringen aber nicht nur Allergiker in Atemnot, sie rufen durch ihre Drüsenhaarsekrete bei sensiblen Menschen auch ein als »Primeldermatitis« gefürchtetes Ekzem hervor, das an den Händen, aber auch im Gesicht und sogar an der Mundschleimhaut auftreten kann. Nach einer stunden- oder auch tagelangen Latenzzeit zeigen sich Rötungen, verbunden mit starkem Juckreiz, es kann in schlimmen Fällen sogar zu schwärender Blasenbildung kommen, wobei die Symptome nur langsam zurückgehen. Wie aggressiv die Primel dabei vorgeht, beweist der Fall einer Frau, auf deren Balkon Pflanzenteile und Staubpartikel geweht worden waren. Sie hatte wochenlang unter entzündeten Händen und Unterarmen gelitten. Gärtner tragen deshalb meist Handschuhe, wenn sie mit diesen Pflanzen zu tun haben. Und wer naschhafte Katzen, Vögel oder kleine Kinder hat, sollte die schmucken Frühlingsboten besser an unerreichbaren Stellen platzieren, denn der Verzehr von Blättern oder Blüten kann zu unangenehmen Magen-Darm-Beschwerden führen. Wilde Sorten wie die Himmelsschlüssel hingegen sind eher ungefährlich und könnten theoretisch – denn praktisch stehen sie unter Naturschutz – auch in den Frühlingssalat geschnitten werden.

Info Gilt auch für Aurikeln, Becher- und Kissenprimeln. Krautige Zierpflanze mit langstieligen Blättern, die einer Rosette entwachsen. Bunte, becherförmige und in Dolden angeordnete Blüten. | **Inhaltsstoffe** Primin | **Vergiftungserscheinung** Primeldermatitis, allergische Reaktionen

75 Rainfarn

Teufelsaustreiber, Wurmkiller und Abortivum

Ein kleines Kraut mit großer Wirkung, so könnte man die »vulgäre Chrysantheme« wohl am besten charakterisieren. Schon Adelbert von Chamisso berichtet über diese »officinelle, bitter-aromatische« Pflanze, sie sei »reizend, erhitzend, mutterreinigend, magenstärkend, schweiß- und blähungstreibend«. Zudem wurden ihre Blätter und Blüten bei »Wechselfiebern, Verdauungsschwächen, gegen hysterische Anfälle und gegen die Wassersucht« gebraucht. Eine ordentliche Kopfwäsche damit schlug zudem Läuse und Flöhe in die Flucht, während man mit in Weihwasser getränkten Pflanzen den Teufel auszutreiben versuchte. Wegen seines würzigen Geschmacks diente Rainfarn im Mittelalter sogar als beliebte Ingredienz für Fleischgerichte, Brot, Kuchen und Bier, während Hexen sich angeblich eine in Butter und Ei gebratene Mischung aus Farn, Nies- und Haselwurz auf die Fußsohlen schmierten.

Doch der Verzehr dieses Krauts ist alles andere als ratsam, denn *Chrysanthemum vulgare* kann – je nach Standort der Pflanze – tödlich giftig sein. Zahlreichen Frauen bescherte er einen raschen und sehr schmerzhaften Tod, als sie ätherisches Farnöl zu Abtreibungszwecken verwendeten, was zwar zu den erwünschten Uterusblutungen führte, aber auch zu degenerativen Organschädigungen, Koma, Herz- und Atemstillstand. Tausenden Tieren erging es wenig besser, wenn ihnen das thujonhaltige Kraut als Hausmittel gegen Wurmbefall verabreicht wurde, was leider immer noch geschieht. Das blühende Gewächs macht seinem Namen zwar meist alle Ehre und tötet zuverlässig Spul- und Madenwürmer, aufgrund falscher Dosierungen den Wirt aber oft gleich mit. Und falls die damit behandelten Kühe, Pferde und Hunde nicht gleich verendeten, litten sie unter »Raserei, Wutanfällen *(Rabies tanacetica)*, Beißkrämpfen, Salivation und Epilepsie«, wie Gerhard Madaus 1938 im »Lehrbuch der biologischen Heilmittel« vermerkt.

Info Manchmal als *Chrysanthemum vulgare* klassifiziert, auch als Wurmfarn, Wurmkraut, Wanzenkraut, Pompelblume oder Revierkraut bekannt. Mehrjährige Staude aus der Familie der Korbblütler mit farnartigen Blättern und in Dolden angeordneten gelben Körbchenblüten. Die Pflanze hat einen intensiven, kampferartigen Geruch. Blüte: Juli – Sept. | Inhaltsstoffe Thujon, Kampfer, Bitterstoffe | Vergiftungserscheinung Abort, Koliken, Pupillenerweiterung, Pulsrasen, Nieren- und Leberschäden, Bewusstlosigkeit, Krämpfe, Tod durch Herz- und Atemstillstand

76 Raute/Weinraute

Das dämonische Kraut der göttlichen Giftmischerin

Ähnlich dem Rainfarn galt auch die Weinraute als heilsamer Tausendsassa und magisches Zauberkraut, hochgelobt gegen Flatulenz, Lungenabszesse, Gliederweh, Fallsucht, schwere Geburten, Wurmbefall, Heiserkeit, Zahnfleischfäule und überflüssige Pfunde. Albrecht von Haller riet 1755 sogar zum täglichen Genuss eines mit Rautenblättern belegten Butterbrotes, um Pest und andere ansteckende Krankheiten fernzuhalten. Dem Schweizer Arzt und Botaniker galt das Kraut als eine der »zuverlässigsten Haupt- und Nervenstärkenden, Harn- und Gifttreibenden Arzneyen«, die insbesondere auch »vor Mutterzuständen« bewahren sollte. Eine Annahme, die damals generell recht verbreitet war. Das toxische Gewächs war ja nicht nur als gefährliches Abtreibungsmittel in weiblicher Munde, auch von den Mönchen wurde es wegen seiner hemmenden Wirkung auf fleischliche Gelüste sehr geschätzt und ins Grünzeug oder den Wein geschnitten.

Selbst in geistiger Hinsicht hatte die *Ruta* viel zu bieten, etwa Schutz vor Giften, Dämonen und dem bösen Blick oder – bei Anrufung der griechischen Göttin Hekate – Hilfe durch übersinnliche Mächte.

Anleitungen zur Beschwörung dieser zauberkundigen Gottheit lesen sich in etwa so: »Machet eine Statue von wohlgeglättetem Holz […] Machet den Körper dieser Statue aus der Wurzel der wilden Raute und schmücket ihn mit kleinen Hauseidechsen« (Wilhelm Gottlieb Soldan, »Geschichte der Hexenprocesse«). Geholfen hat die Herrscherin der Dunkelheit den Hexen im Mittelalter aber offensichtlich nicht, stattdessen richtete die Pflanze wegen ihrer toxischen Stoffe gesundheitliche Schäden an. Eine Überdosierung führt rasch zu depressiven Verstimmungen, einer geschwollenen Zunge, Sehstörungen und schlimmstenfalls zum Tod, der äußere Kontakt mit der Pflanze hingegen – ähnlich der Herkulesstaude – wegen der starken phototoxischen Wirkung zu schweren Hautschäden.

Info Auch Gnaden-, Toten- oder Katzenkraut genannt. Halbhohe, am Grund verholzende und stark riechende Staude mit verzweigten Stängeln, fiederteiligen Blättern und grünlich gelben Blüten in Trugdolden. Blüte: Juni – Juli | **Inhaltsstoffe** Furanocumarine, Flavonoide, ätherische Öle, Alkaloide | **Vergiftungserscheinung** Lichtdermatosen (bei Hautkontakt); Melancholie, Schwindel, Krämpfe, Zungenschwellung, Pupillenverengung, Sehstörungen, Leber- und Nierenschäden, Pulsschwäche, Störungen des Zeugungsvermögens, Ohnmacht, Tod

77_Rhabarber

Abführend bis zum Nierenversagen

Marco Polo brachte dieses erfrischend säuerliche Knöterichgewächs von seinen Reisen aus Zentralasien und China mit, und bereits kurz darauf startete der Rhabarber seine kräuterheilkundige Karriere als beliebtes Abführmittel. Vermischt mit »Weinsteinrahm« ein Klassiker unter den Purgativa der einstigen Hausapotheke. Aber nicht jeder war vom kulinarisch-heilsamen Potenzial dieser barbarischen Pflanze überzeugt. Samuel Hahnemann etwa bemerkte wenig begeistert: »Die Rhabarber ist in Pulver zu 20 bis 30 Gran als ein so gewöhnliches Abführungsmittel, selbst als Hausmittel eingeführt, daß man sich wundern muß, wie eine Substanz von so ekelhaftem Geruche und Geschmacke, und die so viel Bauchgrimmen erregt, so allgemein beliebt haben werden können.« Dennoch wurde vor allem die Wurzel dieses Kompottkrauts wegen seiner gesundheitsfördernden Wirkung bereits im Jahr 27 vor Christus in einem chinesischen Kochbuch erwähnt. Und Matthiolus empfahl der Menschheit, jeden Morgen ein Stück Wurzel zu kauen, denn das würde dem Erhalt der körperlichen Form dienen.

Allerdings sollte dieses Stück dann mikroskopisch klein sein, denn Rhabarber enthält auch toxische Substanzen wie Oxalsäure in den Blättern und Stielen sowie Anthrachinone in der Wurzel. Besonders Kinder können im schlimmsten aller Fälle mit akutem Nierenversagen reagieren, wenn sie übermäßig am Blattwerk oder den Stielen knabbern. Bereits fünf Gramm der reinen Säure werden heutzutage als letale Dosis angesehen. Gekocht verlieren die Giftstoffe zwar viel von ihrer Wirkung, entpuppen sich aber dennoch immer wieder als krank machender Genuss. Suppen und Salate, in die neben Rhabarber auch Sauerampfer – ein naher botanischer Verwandter – gemengt worden war, haben sogar schon Todesopfer gefordert. Also immer gut kochen, Kochwasser abschütten und bei einer Veranlagung zu Nierensteinen am besten ganz vermeiden.

Info Sommergrünes, krautiges Knöterichgewächs mit gewellten, großen und sehr dickstieligen, rot geäderten Blättern und kleinen, unscheinbaren Blüten. Blüte: Juni | **Inhaltsstoffe** Oxalsäure, Anthrachinone | **Vergiftungserscheinung** Nierenschäden, Gelbsucht, Nierenversagen, Kreislaufkollaps, Koma, Tod

Rhododendron, *Rhododendron ferrugineum* sowie *R. ponticum, R. tomentosum* und *R. hirsutum* (alle mehr oder weniger giftig)

78 Rhododendron

Psychedelischer Honig, Bierkraut und Weidegift

In der freien Natur ist diese Pflanze mittlerweile recht selten geworden, die Haus- und Hofvariante hingegen trifft man in jeder zweiten Garten- und Parkanlage an. Rhododendren sind anspruchslos in der Haltung und erfreuen durch ihre prächtigen Blüten das Auge. Aber nicht nur das. Bereits die Wikinger haben Azaleen in den Sudkessel geschmissen, um die berauschende Wirkung ihres Bieres zu verstärken. Die Deutschen machten es ihnen nach, weshalb Adelbert von Chamisso in seinen »Naturwissenschaftlichen Schriften« tadelnd vermerkt: »Der Mißbrauch Porst *(R. tomentosum)* als berauschenden Zusatz dem Bier beizumischen anstatt des Hopfens, wird als der Gesundheit nachteilig gerügt.« Doch der teilweise recht psychedelischen Wirkung dieser Gewächse wurde dadurch kein Einhalt geboten. Noch heute experimentieren wagemutige Schluckspechte mit Porst-Bier nach urgermanischer Rezeptur, das angeblich nicht nur berauscht, sondern auch das »Gehirn ausdünstet«.

Selbst der angeblich aphrodisierende Honig der Pflanze stellt eine stete Quelle von üblen Vergiftungen dar. 400 vor Christus berichtete Xenophon in seiner »Anabasis« bereits über eine Massenvergiftung von Soldaten, die sich daran labten, heute liest man im »Spiegel« von ähnlich lebensbedrohlichen Folgen der Nektarnascherei. Vor allem der »pontische« Honig aus der Türkei oder Nepal hat als Tollhonig traurige Berühmtheit erlangt, befördert er doch Jahr für Jahr zahlreiche Urlauber ins Krankenhaus statt in ekstatische Zustände. Vielerorts drehen sich todesmutige Rauschfreaks sogar einen Joint aus Laub und Blüten. Eine riskante Art des Drogenkonsums, denn eine einzige Blüte kann eine Landschildkröte ins Jenseits befördern, eine Handvoll Grünzeug einen ausgewachsenen Hund umbringen. Nur gut, dass die einheimischen Wildsorten um einiges weniger bedrohlich sind, für Nutzvieh sind sie aber dennoch ein gefährliches Futtermittel.

Info Auch Almrausch, Alpenrose, Azalee, Donnerrose, Schinderlatschen, Alpenbalsam, Rostzetten oder Rosenbaum genannt. Heidekrautgewächs, buschartige Form, ledrige Blätter, die sich am Rand oft einrollen, mit – in der Wildform – meist rötlichen Blüten. Blüte: Juni – Aug. | Inhaltsstoffe Arbutin, Grayanotoxin, Andromedotoxin | Vergiftungserscheinung Blutdruckabfall, Krämpfe, Halluzinationen, Erregung, Euphorie, Zyanose, Lähmungen, Tod durch Atemstillstand

79_Rittersporn

Der kleine Bruder des Eisenhuts

Diese schmucke »Giftpflanze des Jahres 2015« erfreute sich bereits bei den alten Griechen allgemeiner Beliebtheit. Pedanius Dioskorides, der wohl bekannteste Arzt und Pharmakologe des Altertums, schrieb dem Gewächs zwar lähmende Eigenschaften zu, rühmte andererseits jedoch dessen lindernde Wirkung im Fall von Schlangenbissen. Sogar Skorpione soll man sich mit Rittersporn erfolgreich vom Leib gehalten haben. All jene hingegen, die in Gegenden ohne gefährliche Reptilien lebten, schätzten die meist zu Salben verarbeitete Pflanze als Mittel gegen Läuse, Krätze und Wurmbefall. So sprach etwa der Rüpel in der Sage vom Doktor Johann Faust: »Rittersporn? Das ist ja gut für das Ungeziefer. Da sollen mich in eurem Dienst wohl am Ende die Läuse treffen?« (J. Scheible, »Das Kloster«, 1847), Literarische Lorbeeren erhielt das Gewächs aber auch von der Österreicherin Imma von Bodmershof in einem Haiku: »Das blaue Glühen / des Rittersporn – nur Asche / im ersten Dämmern.«

Doch diese hübsche Wild- und Gartenpflanze kann auch giftig sein. Im Mittelalter wurden ihre Samen erfolgreich zum Fischfang verwendet, denn durch die lähmende Wirkung der Körner ließen sich die Schuppentiere widerstandslos einsammeln. Allerdings verlieren die Inhaltsstoffe des Rittersporns durch Trocknung viel von ihrer Toxizität, und die ist ungleich geringer als beim Eisenhut. Tödliche Vergiftungen kommen also fast nur beim Weidevieh vor. Allein eine Familie aus Wiesbaden schnitt Rittersporblätter ins Essen und landete prompt im Krankenhaus. Und Samuel Hahnemann klagte seine Berufskollegen sogar der »Verantwortungslosigkeit« an, weil jene regelmäßig größere Samenmengen zur Bauchreinigung verschrieben und ihren Patienten dadurch »Lähmungsschwäche, Zittern, Konvulsionen, wühlende[n] Schmerz im Magen, Erweiterung der Pupille, stürmische Bewegungen in der Brust …« verursachten.

Info Auch Adlerblume, Lerchenklaue oder Ottilienkraut genannt. Ausdauerndes krautiges Hahnenfußgewächs mit gelappten Blättern und traubenförmigen, meist blauen oder violetten Blüten. Eins oder mehrere Blütenhüllblätter tragen einen Sporn. Blüte: Juni – Sept. | **Inhaltsstoffe** Alkaloide mit ähnlicher, aber schwächerer Wirkung als Aconitin | **Vergiftungserscheinung** Herzrhythmusstörungen, Krämpfe, Entzündungen des Magen-Darm-Trakts, Lähmungserscheinungen, Tod durch Muskel- oder Herzlähmung

80_Robinie

Schlecht für Pferde und Tischler

Zwar kam dieser dekorative Zierbaum erst Anfang des 17. Jahrhunderts durch Jean Robin, den Gärtner von Ludwig XIII. und Heinrich IV., nach Europa, legte seit damals allerdings eine beachtliche botanische Karriere hin. Sein hartes, widerstandsfähiges Holz wurde gern im Bergbau genutzt, da es durch frühzeitiges Knacken angeblich einmal zuverlässig vor einem Stolleneinbruch gewarnt hatte. Und gegen Ende des 18. Jahrhunderts hat man sogar versucht, die Robinie zu einem echten deutschen Waldbewohner zu machen, um einem drohenden Holzmangel vorzubeugen, doch das Experiment scheiterte. In Parkanlagen und sonnigen Gärten blüht der Silberregen hingegen gern und oft, was Augen und Gaumen gleichermaßen erfreut, denn aus den Blüten lassen sich schmackhafte Omeletts bereiten.

Die weißen Trauben sind allerdings der einzige ungiftige Teil dieser falschen Akazie. Zum Rest, vor allem aber zur süßlichen Rinde, den Blättern und bohnenähnlichen Samenschoten, sollte man einen gewissen Sicherheitsabstand wahren. Sie enthalten Wirkstoffe, die nicht nur die roten Blutkörperchen sowie Leber- und Muskelzellen zerstören, sondern auch zu unkontrollierten Zuckungen, Schlafsucht und Sehstörungen führen können. Im »Lehrbuch der biologischen Heilmittel« von Madaus liest man: »Die Blätter enthalten einen Giftstoff, der das Auftreten von Fieberschauern, Zungenschwellung, erysipelartigen Infiltrationen, besonders der Lider, und Obstipation hervorruft.« Noch schlimmer kann es Pferden ergehen, für die bereits der Verzehr von 150 Gramm Rinde tödlich sein kann. Angeblich gingen im Zweiten Weltkrieg in Rumänien 32 von 120 Rössern einer Feldartillerie-Batterie ein, weil die Reittiere an ihren Stallungen knabberten. Und die waren aus Robinienholz gezimmert. Wobei auch Tischler, die ohne Atemschutz damit arbeiten, beim Drechseln von Scheinakazienholz durchaus ihr Leben riskieren können.

Info Auch als Gewöhnliche Scheinakazie, Johannisbrotbaum, Silberregen, Schotendorn, Heuschreckenbaum oder virginischer Erbsenbaum bekannt. Dorniger Baum aus der Familie der Schmetterlingsblütler mit grobrissiger Borke, gefiederten Blättern und stark duftenden, traubenartig angeordneten weißen Blüten, aus denen sich später schotenartige Früchte entwickeln. Blüte: Mai – Juni, Früchte: Herbst–Winter | **Inhaltsstoffe** Lektine, Robin, Phasin, nicht hitzebeständig | **Vergiftungserscheinung** Erbrechen, Schlafsucht, weite Pupillen, Apathie, Krämpfe, Sehstörungen, bei Tieren auch schwere Lähmungen bis hin zum Tod

81 Rosmarinheide

Berauschend bis zum Tod

»Rosmarienheide zur Maienzeit blüht, Rosmarienheide erfreut das Gemüt, Rosmarienheide ist lieblich und zart, Rosmarienheide ist eigener Art …«, dichtete Hermann Löns einst über dieses Sumpfgewächs. Vom hübschen Anblick dieser graziösen Hochmoorbewohnerin sollte man sich aber nicht täuschen lassen. Das kleine Kraut mag eine Augenweide sein, ein Gaumenschmaus ist es nicht. Selbst als Heilpflanze gegen Herzprobleme und Bluthochdruck wird *Andromeda* nicht mehr wildwüchsig gesammelt, da die Nebenwirkungen die positiven Wirkungen oft übertroffen haben. Zudem ist sie mittlerweile selten zu finden, kam früher jedoch recht flächendeckend vor. 1845 etwa schreibt A. B. Reichenbach in seiner »Naturgeschichte des Pflanzenreichs« über den wilden Rosmarin: »Die Blätter enthalten Gerbestoff und können statt der Galläpfel zum Schwarzfärben gebraucht werden. Durch ihre tief eindringenden Wurzeln vermehrt sie die Brennbarkeit des Torfs. Die Blätter sollen den Schafen sehr nachtheilig sein.«

Tatsächlich riskieren Weidetiere auch heute noch ihr Leben, wenn sie allzu üppig an diesen Pflanzen knabbern. Erregung und Benommenheit wechseln sich ab, die Tiere leiden unter Krämpfen, Durchfall und rauschartigen Zuständen, die, begleitet von schweren Nierenschäden, bis zum Tod führen können. Menschen sind heutzutage zwar weniger gefährdet, da sie keinen Torf mehr stechen, doch es kommt immer noch zu Intoxikationen, die – was die Symptome betrifft – einer Vergiftung mit Aconit (Eisenhut) ähnlich sind. Sogar der Blütennektar des Sumpfgewächses kann einem schwer im Magen liegen. In Österreich landeten 1981 und 1982 zwei Menschen mit schweren Herzrhythmusstörungen im Krankenhaus, weil sie Heidekrauthonig gelöffelt hatten. Hin und wieder wird die Rosmarinheide auch mit dem »echten« Rosmarin verwechselt, was einem gleichfalls für längere Zeit den gesunden Appetit verderben kann.

Info Auch Sumpfrosmarin, Lavendelheide, Polei-Gränke, Torfheide oder falscher Porst genannt. Immergrüner Zwergstrauch aus der Familie der Heidekrautgewächse mit eingerollten, lanzettartigen Blättern und rosa oder weißen Blüten, die hängenden kleinen Glocken ähnlich sind. Blüte: Mai – Okt. | Inhaltsstoffe Andromedotoxin, Glykoside | Vergiftungserscheinung Erbrechen, Brennen im Mund, Schluckbeschwerden, Krämpfe, Durchfall, Muskelzittern, Gefühllosigkeit, Angst- oder Rauschzustände, Herzrhythmusstörungen, Krämpfe, Tod durch Atemlähmung

82_Rosskastanie

Ungesund in Kindermund

Rosskastanien sind zwar nicht so wertvoll wie ihre »echten« Verwandten, haben aber gleichfalls ihre vielfältigen Reize. So hat man früher mit einem Auszug der Blüten in Weinbrand die Hoden eingerieben, um die Manneskraft zu fördern, drei Kastanien in der Hosentasche mit sich getragen, um ein ganzes Jahr lang weder Gicht noch Rheuma zu bekommen, und aus den bitteren Inhaltsstoffen Salben gegen Sonnenbrand gerührt. Sogar heute noch wird empfohlen, sich ein paar dieser glänzenden, kugeligen Früchte unters Bett zu legen, um tief und vor bösen Strahlen geschützt zu schlafen.

Dennoch, ganz ungefährlich sind die stacheligen Dinger besonders für Kinder nicht. Immer wieder vergreifen sich Jungen wie Mädchen daran und kauen auf den bitteren Samen herum, eine laut Medienberichten und Giftinformationszentralen recht ungesunde Idee. Bereits nach einem Viertel Samen können sich erste Vergiftungssymptome wie Magen-Darm-Beschwerden, Hitzewallungen, Delirien und Bewusstlosigkeit einstellen. Durch Injektionen der Wirkstoffe im Rahmen therapeutischer Behandlungen haben sich außerdem einige anaphylaktische Schocks ereignet. Überdosierungen der Präparate sind jedenfalls ebenso zu vermeiden wie kulinarische Experimente. Besonders Tiere können recht sensibel auf Kesten reagieren. So sterben Karpfen bereits nach dem Genuss von 0,5 Gramm Kastanienmehl, weil deren rote Blutkörperchen zerstört werden. Nicht einmal Pferde sollte man mit Rosskastanien füttern, sondern bestenfalls wohldosiert damit kurieren, daher auch der Name. Was man dem ersten Bericht über die Rosskastanie aus dem 16. Jahrhundert entnehmen kann. Darin schrieb Willem Quackelbeen an Pier Andrea Matthiolus: »Die Türken nenns Roßkastanien darumb, das sie den keichenden Rossen behüflich sind.« Demnach waren die glänzend braunen Kugeln einfach ein Husten- und Dopingmittel für kurzatmige Reittiere.

Info Auch als Kesten, Saukastanie oder Gichtbaum bekannt. Rosskastanien werden bis zu 30 Meter hoch. Sie haben gefingerte, langstielige Blätter und weiße oder rötliche, aufrecht stehende Blüten in Traubenform, aus denen sich im Herbst stachelige Früchte entwickeln. Blüte: April–Mai | **Inhaltsstoffe** Saponine, Cumarine, Glykoside | **Vergiftungserscheinung** Übelkeit, Erbrechen, Durst, Gesichtsrötung, Pupillenerweiterung, Bewusstlosigkeit, Kollaps

83_Sadebaum

Historisches Mordmittel für Mutter, Kind und Könige

Dieser übel riechende Verwandte von Wacholder und Thuja genießt seit historischen Zeiten einen ebenso üblen Leumund, galt und gilt er doch als potenter pflanzlicher Auftragsmörder, und zwar nicht nur zu Abtreibungszwecken. Da soll etwa der heimtückische Ludwig XI. von Frankreich im Kampf um den Königsthron nicht nur seinen Rivalen, den Grafen von Armagnac, sondern auch gleich dessen schwangere Frau umgebracht haben. Und zwar mit einem hochgiftigen Trank aus Sadebaumauszügen, was allen dreien einen unsäglich qualvollen Tod bescherte. Immerhin genügen sechs Tropfen Öl oder fünf bis 20 Gramm Blattwerk für einen sicheren, schmerzhaften und meist langwierigen Übergang ins Jenseits. Dennoch war dieses Teufelskraut schon in der Antike als lebensbedrohliches Abortivum im Einsatz. »*Sabinum foetum viventem interficit et mortuum educit*« (frei übersetzt: Der Sadebaum bringt einen lebendigen Fötus um und zieht ihn aus dem Leibe), vermerkte etwa Galen, ein berühmter Arzt des Altertums. Und Hahnemann warnte noch Jahrhunderte später: »Der Mißbrauch desselben in starken Dekokten bei kindsmörderischen Dirnen bringt oft ihnen selbst theils einen schleunigen Tod.« Fazit dieser einst gängigen Praxis: Allein auf 32 aktenkundige (!) Fälle kamen vier tote Föten als erhoffte Wirkung und elf tote Mütter als ungewollte Nebenwirkung. Kein Wunder, dass der Hexenhammer im Jahr 1487 dieses Volksabortivum verteufelte und die kinderfeindliche Konifere in Österreich und Thüringen sogar verboten wurde.

So gesehen mutet die Verwendungvon *Juniperus* als Mittel gegen verlorene Manneskraft nahezu abartig an, auch wenn man sich dazu nur die Zweige in die Schuhe stecken musste, ein zumindest harmloses Unterfangen. Und sollte es wundersamerweise doch funktionieren, dann bitte nicht mit selbst angesetztem Wacholderschnaps darauf anstoßen. Eine Verwechslung der Beeren könnte jedes Auferstehungsgefühl zunichtemachen.

Info Auch Stink-Wacholder, Jungfernrosmarin, Segenbaum genannt. Baum- oder strauchartiges Zypressengewächs mit unangenehmem Geruch, kleinen, schuppenförmigen Blättern und bläulichen, erbsengroßen Beerenzapfen. Blüte: April – Mai | **Inhaltsstoffe** Sabinol, Sabinen, Sabinylacetat | **Vergiftungserscheinung** bei äußerer Anwendung Narben und Nekrosen auf der Haut, bei innerer Anwendung (Blattspitzen) Erregung, Konvulsionen, Nierenschäden, Herzrhythmusstörungen, starke Blutungen, Abort, Tod – oft erst Tage danach – durch Bewusstlosigkeit und Atemlähmung

84_Safran

Lachen bis in den Tod

Der echte Safran gilt zu Recht als eines der teuersten Gewürze überhaupt, denn es bedarf bis zu 200.000 Blüten, um ein Kilo des roten Goldes zu gewinnen. Kein Wunder also, dass dieser aromatische Vermögenswert regelmäßig mit Färberdisteln, Ringelblumen, Rindfleischfasern oder Kurkuma gestreckt wird, um günstige Marktpreise zu erzielen. Eine verbotene Verfälschung, die dem Geschmack ab-, der Gesundheit aber durchaus auch zuträglich sein kann, denn Safran ist nicht nur eine kulinarische Kostbarkeit, sondern auch Rauschdroge, Aphrodisiakum, Abtreibungsmittel und tödliches Gift. Aufgrund des hohen Preises sind letale Intoxikationen aber den »Besserverdienern« vorbehalten.

Mit Safran wurde also keinesfalls nur brav Kuchen gebacken, sondern auch viel Schindluder getrieben. So hatte schon der römische Kaiser Marc Aurel diese seit über 3.000 Jahren bekannte Zwiebelpflanze als aphrodisierenden Badezusatz genutzt, Frischvermählte imprägnierten ihre Leintücher damit, während ausschweifender erotischer Orgien wurden kiloweise »safranisierte« Gerichte serviert, und der biblische Salomon verglich im Hohelied die sinnlichen Vorzüge der Braut mit diesem Gewürz.

Aber auch hierzulande kannte man die erregende Wirkung des *Crocus sativus*, wie Leonhard Fuchs, ein deutscher Botaniker aus dem 16. Jahrhundert, lakonisch bezeugt: »Saffran reyzt zur Unkeuschheit.« Es bedurfte allerdings eines gewissen Fingerspitzengefühls im Umgang mit diesem Gewürz. Oft wurden bis zu 15 Gramm Safran (eine bisweilen bereits tödliche Menge) mit Wein vermischt, was zu maßloser Erregung, extremen Rauschzuständen, unkontrollierbaren Lachanfällen, heiteren Delirien, aber auch zum Tod führen konnte. Selbst eventuelle Spätfolgen der unbändigen Lust wurden mit Safran kuriert, denn es förderte die »Abführungen der Gebärmutter« (Galen). Ab circa zehn Gramm riskierten jedoch auch die Mütter ihr Leben.

Info Auch als Gewürzsafran bekannt. Krokusähnliches Knollengewächs aus der Familie der Schwertlilien mit verwachsenen lila Blütenhüllblättern, bodennahen, grasähnlichen Blättern und Griffeln mit orangen Narbenschenkeln. Blüte: Sept.–Okt. | Inhaltsstoffe Crocine, Picrocrocin, Safranal | Vergiftungserscheinung Kollaps, Nekrosen, Uterusblutungen, blutende Augenlider, Haarausfall, Gelbfärbung der Haut, Erregungszustände, Lachkoller, Delirien, Lethargie, Lähmung des Zentralnervensystems, Sehstörungen, Tod

85 Salomonssiegel

15 Beeren als probates Brechmittel

Das Salomonssiegel verdankt seinen Namen den Narben früherer Blütenstände auf der Sprossachse, denn diese gleichen einem Siegelabdruck. Magischen Lehren zufolge soll es sich bei dieser Pflanze sogar um die legendäre Springwurz handeln, welche nur ein Specht zu finden vermag und dank der sich verschlossene Türen und Tore wie durch Zauberhand öffnen lassen.

Die Wahrheit über die Wirkungen und Nebenwirkungen des anmutigen Schattengewächses sieht weniger spektakulär aus. So wurde die Weißwurz über Jahrtausende als botanisches Schönheitsmittel benutzt, um als tiefenwirksame Gesichtsmaske Altersflecken, Sommersprossen und sogar durch Männerhand verursachte »blaue« Augen zum Verschwinden zu bringen. Zudem wurden ihre Wurzeln zu Mehl verarbeitet, die Frühlingstriebe in die Suppe geschnitten und, mit Zucker überzogen, in Apotheken verkauft, um »zu den Ehelichen Wercken zu reizen«. Bei abnehmendem Mond in der linken Tasche getragen, soll *Polygonatum* der Signaturlehre zufolge sogar Hühneraugen heilen. Was, solange man nur zur ungiftigen Wurzel greift, vermutlich weder nützt noch schadet. Mit den Blättern, Blüten und Beeren sieht die Sache allerdings anders aus. Besonders die Früchte sind relativ giftig, schmecken widerlich süß und dienten in einigen Ostblockstaaten als zuverlässiges Brechmittel. Außerdem kann einem die Wohlriechende Weißwurz *(P. odoratum)* durch ihren Saponingehalt übel auf den Magen schlagen, wenn man deren Blätter für Bärlauch hält. Entgegen der noch 1979 verbreiteten Meinung enthalten die *Polygonatum*-Arten aber keine herzaktiven Glykoside, weshalb der angebliche Kindsmord durch das Salomonssiegel wenig wahrscheinlich ist. Belegt sind laut Giftinformationszentrum ostdeutscher Länder allerdings mehrere Fälle, in denen Kinder zehn bis 30 Blüten verspeisten und prompt im kassenärztlichen Notdienst landeten, wobei alle wieder gesund nach Hause kamen.

Info Auch als Weißwurz, große Maiblume, Gelenkwurz, Weißwurzrauke oder Siegelwurz bekannt. Staude aus der Familie der Spargelgewächse mit zweizeiligen, wechselständigen Blättern und glockenförmigen weißen Blüten, aus denen sich heidelbeerähnliche Früchte entwickeln. Blüte: Mai–Juni, Früchte: August–Sept. | **Inhaltsstoffe** Saponine, Chelidonsäure | **Vergiftungserscheinung** Übelkeit, Erbrechen, Durchfall, Schwindel, Atemnot

86_Sauerampfer

Tödliche Frühlingssuppe

Dieses unauffällige Wildkraut erfreute sich bereits in der Antike allgemeiner Beliebtheit. Römer und Griechen verspeisten es als Ausgleich zu ihren fettreichen kulinarischen Orgien, im Mittelalter wurde es als frei verfügbarer Vitaminspender gegen Skorbut verwendet, die Germanen stopften den Ampfer einfach in ihre Pfeife, und als Bestandteil der Frankfurter Sauce ist er heute noch unverzichtbar. Damit nicht genug, galt und gilt das Knöterichgewächs als blutbildend, fiebersenkend, entschlackend, appetitfördernd, leberstärkend und gut gegen Ohren-, Zahn- und Unterleibsschmerzen. Sebastian Kneipp bemerkte einst, dass der Ampfer generell eine »vorzügliche Kost für Kranke sei, da er das Blut reinigt und verbessert«.

Die Äbtissin Hildegard von Bingen war da allerdings anderer Ansicht, denn sie stellte rigoros fest, dass der saure Geselle nur Ochsen nützen würde, den Menschen aber traurig mache und seinen Eingeweiden schade. Womit sie nicht ganz unrecht hatte, denn diese Heilpflanze enthält große Mengen an Oxalsäure, weshalb Leber- und Nierenkranke sowie Schwangere am besten die Finger davonlassen. In größeren Mengen kann dieses Grünzeug tödlich sein. Ein 53-jähriger Diabetiker bereitete sich ganz gegen seinen gesunden Willen ein letztes Mittagsmahl, als er 500 Gramm Krausen Ampfer in seine Suppe schnitt. Und danach für immer den Löffel abgeben musste. Den solcherart todgeweihten Naturkostfreunden bleibt allein die Wahl zwischen einem Ableben durch Nierenversagen oder einem Exitus durch zentrale Lähmung in komatösem Zustand.

Aber auch Kinder und Weidevieh erliegen regelmäßig dem kulinarischen Reiz dieser Pflanze, schlagen sich die Bäuche voll und landen letztlich im Kranken- beziehungsweise Schlachthaus. Dennoch sollte man sich dadurch nicht den Appetit verderben lassen, eine Handvoll kleiner, frühlingsfrischer grüner Blätter hat noch niemandem geschadet.

Info Erster auch Scheißblättchen, Salatampfer, Feldampfer, Kuckuckskraut, Sättling, Mengelwurz oder Sauerknöterich genannt, zweiter Grindwurz, wilder Tabak oder Krötenblatt. Krautige Pflanze aus der Familie der Knöterichgewächse mit pfeilförmigen Blättern und rötlichen (Sauerampfer) oder grünen (Krauser Ampfer) Blüten. Der Krause Ampfer blüht später als der Sauerampfer. | **Inhaltsstoffe** Oxalsäure, Gerbstoffe | **Vergiftungserscheinung** schwere Herzschäden, blutiger Durchfall, Krämpfe, Bildung von Harn- und Nierensteinen, zentrale Lähmung, Leberschäden, Niereninsuffizienz, Tod im Koma

87 Sauerklee

Kräutersalz bringt Unglück

Dass sauer nicht zwangsweise lustig macht, beweist der Sauerklee. Dieser kleine Glücksbringer hat schon zahlreiche Familien ins tiefste Unglück gestürzt, sofern man älteren Berichten Glauben schenkt. Denn auch wenn die kleinen Blümchen kein wirklich kriminelles Talent aufweisen, hat sich durch das einst sehr beliebte »Sauerkleesalz« doch der eine oder andere Todesfall ereignet. »Sal acetosellae«, oft auch Bitterkleesalz genannt, ist »ein Salz vegetabilischen Ursprungs«, belehrt der Brockhaus 1841. »Es besteht aus Sauerkleesäure und Kali mit Überschuß an Säure.« Und die gelehrte Quelle informiert weiter darüber, dass »beides, sowohl die Säure als das Salz, innerlich, in größern Quantitäten, zu 1 – 2 Loth genommen, als Gift« wirkt. Tatsächlich wird in den »Notizen aus dem Gebiete der Natur- und Heilkunde« von Ludwig Friedrich von Froriep bereits 1823 über mehrere Todesfälle durch die Darreichung von Sauerkleesalz statt Epsomsalz berichtet.

Mittlerweile ist »Sal acetosellae«, das auch zum Bleichen und zur Fleckenentfernung diente, zwar aus fast allen Küchen- und Arzneimittelschränken verschwunden, doch Vergiftungen kommen immer noch vor. Die Wetterpflanze – viele Blüten, nasses Jahr – landet durch ihren erfrischenden Geschmack gern gemeinsam mit dem Sauerampfer in Frühlingssuppen und Salaten, was allerdings nur in geringen Mengen gesund ist. Im Übermaß führt das Grünzeug hingegen zu Krämpfen, Koma und schlimmstenfalls sogar tödlichen Lähmungen. Vor allem Menschen mit eingeschränkter Nierenfunktion sollten sich keinesfalls Smoothies aus Sauerklee oder Sauerampfer bereiten, sofern sie keine suizidären Absichten hegen. Immerhin wird in den »Annalen der Pharmacie« 1835 vermerkt, dass frischer Kleesaft ein halb ausgewachsenes Kaninchen in 100 Minuten tötete. Eine äußerliche Anwendung gegen Mundfäule, Geschwüre und Hodenschwellung ist da vermutlich weniger riskant.

Info Auch Hasenbrot, Kuckucksbrot, Waldklee oder Buchampfer genannt. Zartes Pflänzchen mit grundständigen, dreizähligen Blättchen und weiß-lila geaderten Blüten, die bei Dunkelheit und Kälte in »Schlafstellung« verfallen. Blüte: April–Mai | Inhaltsstoffe Oxalsäure | Vergiftungserscheinung Blutdruckabfall, Krämpfe, Kreislaufkollaps, schwere bis tödliche Nierenschäden, Koma, Tod durch zentrale Lähmung

88 Schierling

Der Klassiker für Giftmörder

Diese unscheinbare Pflanze kam bereits 399 vor Christus zu mörderischen Ehren, als man Sokrates den tödlichen Schierlingsbecher reichte. Platon beschreibt das rasche Ableben des Philosophen in seinem »Phaidon« symptomatisch auch recht korrekt. »Sokrates aber ging umher, und als er merkte, dass ihm die Schenkel schwer wurden, legte er sich gerade hin auf den Rücken, denn so hatte es ihn der Mensch geheißen …«Gerade die von den Füßen aufsteigende Lähmung, begleitet von zunehmender Gefühllosigkeit, ist typisch für eine Vergiftung mit *Conium maculatum*. Eine Todesart, die in der griechischen Literatur auch als »kalter Weg zum Hades« bezeichnet wird.

Seit damals sind mit diesem Gewächs mehr Morde, Selbstmorde und tödliche Unfälle passiert, als auf ein normales Leichentuch gehen würden. In Marseille wurde mit Opium vermischter Schierlingswein zu suizidalen Zwecken ausgeschenkt, auf der Kykladeninsel Kea wurden die arbeitsunfähigen Alten damit ins Jenseits befördert, und in den Vereinigten Staaten haben sich im 20. Jahrhundert mehr als 100 Menschen mit dem ebenso toxischen, bei uns eher seltenen Wasserschierling umgebracht. Durch botanische Fehlgriffe, also Verwechslungen mit Wilder Möhre, Wiesenkerbel, Sellerie, Giersch, Pastinake, Petersilie oder Tausendgüldenkraut, passieren nach wie vor unzählige Unglücksfälle. Leider genügen 0,5 bis ein Gramm Coniin (das Schierlingsgift), und das Essen wird rasch zum letzten Abendmahl. Eine einmalige Erfahrung, die auch der Schotte Duncan Gow machen musste, dem seine Kinder unabsichtlich ein Sandwich mit giftigem Grünzeug serviert hatten. Doch der Schierling hat nicht nur ganze Menschen lahmgelegt, er erzielte auch »Teilerfolge«, etwa als Anaphrodisiakum, welches – wie Dioskorides vor ewigen Zeiten vermerkte – das männliche Gemächt unkräftig und schwach macht, unkeusche Träume vertreibt und sogar das Busenwachstum hemmen soll.

Info Auch als Giftwüterich, Vogeltod, Mäuseschierling, Würgling oder Tollrübe bekannt. Bis zu zwei Meter hohe Pflanze aus der Familie der Doldenblütler mit rötlich gefleckten Stängeln, gefiederten Blättern, widerlichem Geruch nach Mäuseurin und kleinen, doldenartig angeordneten, schmutzig weißen Blüten. Blüte: Juni – Sept. | **Inhaltsstoffe** Coniin, Conhydrin, Conicein und Methylconiin | **Vergiftungserscheinung** Benommenheit, Übelkeit, Pupillenerweiterung, geistige Verwirrung, aufsteigende Lähmung, Gefühllosigkeit, Tod durch Atemlähmung; Gift wird auch über unverletzte Haut aufgenommen

89__Schneeball

Giftig berauschend oder beerig geschmackvoll?

Bei diesem schmucken Strauch entzweien sich die botanisch kundigen Gemüter heute noch. Für die einen handelt es sich bei den meisten *Viburnum*-Arten um ein groß gewachsenes Unkraut, dessen Beeren Lebensgefahr für naschhafte Kinder bedeuten, da man angeblich schon von tödlichen Vergiftungen gehört hat. Zudem seien die Früchte eines »unlieblichen Geschmacks« und taugten bestenfalls für Brechanfälle und Bauchgrimmen. Die anderen hingegen schätzen den unvergleichlichen Geschmack der Beeren im Kompott oder der Konfitüre. In Kanada sind die roten, recht sauren Früchte als »Highbush Cranberry« sogar ausgesprochen beliebt, und in Sibirien wird ein berauschendes Getränk daraus gebraut. Eine Idee, die auch Andreas Franzl, Schnaps-Weltmeister aus Oberkorb, hatte. Seit einigen Jahren entringt er dem gemeinen Schneeball absolut weltmeisterliche und hochprozentige Destillate.

Dennoch besaß vor allem der Wollige Schneeball einst ein gewisses mörderisches Potenzial, denn aus seinem Holz wurden oft Pfeile gefertigt. Sogar Ötzi, die wohl berühmteste Gletschermumie aller Zeiten, soll ein paar davon bei sich getragen haben. Davon abgesehen passiert nicht wirklich viel mit der hübschen Zierstaude. Beim Verzehr von mehr als zehn rohen oder unreifen Beeren treten Magen-Darm-Beschwerden auf, und die Verweildauer auf dem stillen Örtchen kann sich erheblich verlängern, weitere Risiken sind nicht bekannt. Nach dem ersten Frost sollen die Früchte überhaupt weitgehend unschädlich sein. Nur wer allzu sehr an der Rinde knabbert, riskiert ein getrübtes Bewusstsein, Herzprobleme, Nierenschäden und Blut im Harn. Allein Pferde reagieren etwas empfindsamer auf Blätter und Beeren, Todesfälle sind aber auch unter ihnen nicht bekannt. Nur der eher seltene Runzelblättrige Schneeball kann wegen seiner Behaarung nachweislich zu Juckreiz, Rötungen und vorübergehenden Bewusstseinsstörungen führen.

Info Auch Wasserholder, Wasserahorn, Blut-, Herz-, Drossel-, Schwindel-, Dampf- oder Schlangenbeere genannt. Buschiger, winterkahler Strauch aus der Familie der Moschuskrautgewächse mit gestielten Blättern und weißlichen Blüten in Trugdolden, aus denen sich kleine rote Steinfrüchte entwickeln. Blüte: Mai–Juni, Früchte: Sept. | **Inhaltsstoffe** Viburnin | **Vergiftungserscheinung** Magen-Darm-Beschwerden, Übelkeit, Durchfall, blutiger Harn, Herz- und Atemprobleme

90 Schöllkraut

Kraut der Alchimisten und Opiumersatz

So unscheinbar das Schöllkraut auf den ersten Blick auch wirken mag, so beeindruckend ist seine Geschichte. Religiöse Menschen sahen in ihm ein Himmelsgeschenk (*Coeli donum*), den Alchimisten galt das Kraut als unverzichtbar für die Herstellung von Gold, und Albrecht Dürer hat das Gewächs aus Dankbarkeit für dessen Heilwirkung sogar porträtiert. Das Bild hängt heute in der Wiener Albertina. Die wundersamen Wirkungen der kleinen gelben Blume reichen aber locker ein paar Jahrtausende zurück. So wurde bereits im »Papyrus Ebers« (circa 1700 vor Christus) der Milchsaft als Medizin für die Augen gelobt, wobei dessen Heilerfolg durch die Beimengung von Urin und Muttermilch noch verstärkt würde. Aber auch gegen Warzen, Krebs, Zahnschmerzen, Verstopfungen der Eingeweide und Pestilenz griff man zu *Chelidonium*-Essenzen. Selbst wenn der Milchfluss der Kühe versiegte, war »Schölwurtzsafft« das Mittel der Wahl. Und in Mecklenburg hat man Menschen, die an Gelbsucht erkrankten, die Blätter ins Omelett gemischt.

Dennoch gehen die Meinungen über den wahren Nutzen beziehungsweise Schaden der Augenwurz damals wie heute sehr auseinander. Hildegard von Bingen (1098–1179) warnte vor dieser pflanzlichen Arznei. »Denn es hat so ein scharfes und herbes Gift in sich, dass es dem Menschen keine Gesundheit verleihen kann, denn wenn es irgendwie den Menschen Gesundheit gäbe, würde es ihm auf andere Weise innerlich größte Krankheiten verleihen.«

Die Volksmedizin hingegen sieht im scharfen Saft der Pflanze ein bewährtes Mittel gegen Warzen und spricht dem Kraut sogar eine opiumähnliche, beruhigend-narkotische Wirkung zu. Giftnotrufe und Ärzteschaft hingegen sehen in Schöllkraut-haltigen Arzneimitteln vor allem eine große Gefahr für die Leber. Angeblich starb 2018 sogar eine Frau daran.

Info Auch Ziegentod, Giftblume, Goldwurz, Herrgottsgnade, Augenwurz, Hexenkraut, Warzengift oder Krätzenblume genannt. Krautige Pflanze aus der Familie der Mohngewächse mit gefiederten Blättern, goldgelben Blüten in Dolden und auffallend orangem Milchsaft. Blüte: April–Okt. | Inhaltsstoffe unter anderem die Alkaloide Chelidonin, Sanguinarin und Coptisin | Vergiftungserscheinung Brechdurchfälle, Lähmungen, Benommenheit, Herzrasen, Kollaps, Tod; längerer Gebrauch kann zu schweren Leberschäden führen

91 Seidelbast

Spanisches Fliegenpflaster und letales Syphilismittel

»Ist dein Lehnsherr dir verhasst, gib ihm einfach Seidelbast«, lautet eine alte Redensart, die vermutlich mehr über dieses ungewöhnliche Gewächs aussagt als die meisten Pflanzenratgeber. Schon drei der höllisch scharfen Früchte bringen ein Schwein um, zehn einen erwachsenen Menschen ins Grab. Doch auch die schmucken Blüten, Rinde und Wurzeln sind nicht bekömmlich. Mancherorts verendeten ganze Viehherden, weil sie an den Büschen knabberten, während Bettler sich einst eine Art Borkenpomade als »Spanisches Fliegenpflaster« auf die Haut schmierten, um böse aussehende nekrotische Wunden hervorzurufen und dadurch die Spendenbereitschaft mitleidiger Passanten zu erhöhen.

Selbst als Heilmittel gegen die seinerzeit grassierende »Lustseuche« (Syphilis) griffen Ärzte im 18. Jahrhundert gerne zur Rinde. Wobei die unerwünschten Nebenwirkungen oftmals die erwünschte Wirkung übertrafen. So warnt die »Allgemeine Geschichte der thierischen und mineralischen Gifte« 1806 explizit vor diesem Gewächs. »Die Beeren nebst der ganzen Pflanze ziehen Blasen an der Haut auf, und erregen im Schlunde einen mit heftigem Brennen verbundenen, unlöschbaren Durst, hitzige Fieber, anhaltende Leibesschmerzen und den Tod.« Und das »Handbuch des Straf-Verfahrens in den Königl. Preußischen Staaten« berichtet von einer »ärztlichen Vergiftung durch 12 Beeren vom Seidelbast«. Dieses hochtoxische Gewächs wurde allerdings nicht nur im vergeblichen Kampf gegen Geschlechtskrankheiten eingesetzt, sondern auch als vermeintlich harmloses Abführmittel, eine gleichfalls oft lebensbedrohliche Medikation, über die der Homöopath Samuel Hahnemann schreibt: »Die Zeiten sind vorbei, wo man zwei bis drei solcher Körner als ein drastisches Purgiermittel eingab, oft mit Verlust des Lebens.« Nur die Zeiten, in denen Kinder durch den Verzehr von Pflanzenteilen auf der Intensivstation landen, sind leider noch nicht vorüber.

Info Auch Hundsbeere, Schlangenholz, Elendsbluth, Warzenbast, Kellerhals, deutscher Bergpfeffer, Brennwurz, Beißbeere, Purgier- oder Teufelsstrauch genannt. Niedriger Strauch mit kleinen blassgrünen Blättern, die erst nach den rosaroten, wohlriechenden und direkt am Stamm wachsenden Blüten erscheinen. Im Sommer trägt der Seidelbast kleine scharlachrote Früchte. Blüte: Feb.–März, Früchte: Juni–Aug. | Inhaltsstoffe Daphnin, Daphnetoxin, Mezerein | Vergiftungserscheinung Brennen im Mund, Schluckbeschwerden, Co-Karzinogen, Fieber, heftige Krampfanfälle, Nekrosen auf der Haut und Magenschleimhaut, Nierenschäden, Lähmungen, blutiger Durchfall, Benommenheit, Kreislaufkollaps, Tod

92 Stechapfel

Mittel der Hurenwirte, Rosstäuscher, Hexen und Mörderbuben

Das Sündenregister des Stechapfels ist derart lang, dass er wohl ewiglich in der Hölle schmoren müsste, gäbe es ein Jüngstes Gericht für gemeine Gewächse. Bereits vor Jahrhunderten hat das Tollkraut die Menschen mit Liebestränken und Hexensalben um ihre Gesundheit und den Verstand gebracht. »Knochentrocken, stockblind, verrückt wie ein Huhn und heiß wie ein Vulkan«, beschreibt ein Arzt die Symptomatik einer Vergiftung mit Datura. Die LSD-ähnliche Wirkung der Pflanze kann sich bei falscher Dosierung allerdings leicht bis ins Grab erstrecken. Allein in Indien ereigneten sich in 15 Jahren 2.728 Fälle von Mord oder Selbstmord durch die Donnerkugel.

Und auch hierzulande hat der Stechapfel für viel Unheil gesorgt. 1830 wird im »Handbuch des Straf-Verfahrens« sogar vermerkt, dass die damit Vergifteten vor ihrem Tode unter wahnsinnigen Zuständen litten. Doch manchmal sollten die Giftopfer nur vorübergehend sediert werden, was viel Fingerspitzengefühl erforderte. Hurenwirte und Bordellbesitzer etwa bewiesen meist ein gutes Händchen für exakte Dosierungen, wenn sie den »neuen« Mädchen die Samen (wie heutzutage K.-o.-Tropfen) unters Essen mischten, um sie wollüstig und willfährig zu machen. Pferdehändler hingegen schoben ihren Schindmähren gerollte Datura-Blätter in den Mastdarm, damit diese sich recht feurig – und somit verkaufsfördernd – verhielten. Und der Literat Gustav Meyrink hat dem Gewächs in »Coagulum« sogar ein literarisches Denkmal schwarzer Magie gesetzt, indem er eine Kinderleiche mit giftigem Rauch aus Ginster, Nachtschatten und Stechapfel würzte.

Dennoch war die Pflanze als Narkotikum, Mordwaffe, Wahrheitsdroge und Heilmittel äußerst beliebt, obwohl der Alchimist Johann J. Becher schon 1663 (in seinem Parnassus Medicinalis) schrieb: »Stechapffel seyend sehr kalt, man nimmt sie nicht in leib, wer nicht gerne sterben will.«

Info Auch Donnerkugel, Dornapfel, Stachelnuss oder Liebeszwinger genannt. Strauchiges, unangenehm riechendes Nachtschattengewächs mit zugespitzten Blättern und großen weißen Trichterblüten. Die kastaniengroßen Fruchtkapseln haben rundum Stacheln und schwarze Samen. Blüte: Juni – Sept. | **Inhaltsstoffe** Hyoscyamin, Scopolamin, Atropin | **Vergiftungserscheinung** (ab 0,3 Gramm) trockene Schleimhäute, brennender Durst, erweiterte Pupillen, heftige Krämpfe, Gedächtnisverlust, Horror-Trips, Sprachverlust, Lähmungen, Erregung, Heiterkeit, Tobsucht, Übelkeit, Selbstverletzung, Wahnvorstellungen, Atemlähmung, Tod

93_Stechpalme

Black Drink und giftige Weihnachtsdekoration

Kaum ist die besinnliche Zeit angebrochen, laufen die Leitungen der Giftinformationszentralen heiß. Tannenbäume sind zwar harmlos, doch Stechpalmenzweige zur Dekoration können guter Laune wie guter Gesundheit recht abträglich sein.Bereits der Verzehr von mehr als fünf Beeren kann bei Kindern Übelkeit und Erbrechen hervorrufen, ab 20 riskieren auch Erwachsene ihre Gesundheit. Der letzte vermerkte Todesfall liegt allerdings schon einige Zeit zurück und wird im »Handwörterbuch der gerichtlichen Medizin und naturwissenschaftlichen Kriminalistik« (1940) recht lapidar vermerkt: »Bei Knaben nach Genuss von 30 Beeren Tod unter gastroenteritischen Erscheinungen.«

Im Unterschied zum Stechapfel ist die Stechpalme aber nicht wirklich rundum böse. Ganz im Gegenteil. Der Dichterfürst Goethe besaß einen Spazierstock aus ihrem Holz, in Harry Potters Welt schnitzt man Zauberstäbe daraus, selbst J. R. R. Tolkien huldigte im »Herrn der Ringe« dem Hulstbaum, mancherorts brennt man sogar Schnaps aus Ilex-Beeren, und in Zeiten der Not galten die Samen der Pflanze als brauchbares Kaffeesurrogat. Zudem werden der Walddistel magische Kräfte nachgesagt, soll sie doch vor Unheil, Blitzschlag und Hexenzauber schützen. Als Naturheilmittel gegen Gicht, Gelbsucht, Gelenkbeschwerden, Fieber, Verstopfung und Seitenstechen hat der dornige Busch allerdings weniger langfristig gewirkt als kurzzeitig geschadet, als Bachblüte namens »Holly« hingegen Karriere gemacht und Liebe in die Herzen gebracht. Nordamerikanische Indianer brühen aus einer Artverwandten der *Ilex aquifolium* zudem ein berauschendes Getränk, den »Black Drink«. Dieser dem Matetee ähnliche Trank soll den Kampfesmut heben und die Kräfte steigern, sofern nicht im Übermaß genossen. Denn dann würde er »Schweiß befördern, Urin treiben und Brechen erregen«, heißt es 1845 in der »Naturgeschichte des Pflanzenreichs« von Reichenbach.

Info Auch Stecheiche, Zwieseldorn, Christdorn, Winterbeere, Walddistel, Hulstbaum oder Schradler genannt. Immergrüner Strauch oder kleiner Baum mit harten, glänzenden, dornenähnlich gezackten Blättern und kleinen weißen Blüten, aus denen sich kleine rote Steinfrüchte entwickeln. Blüte: Mai – Juni, Früchte: Herbst–Winter | **Inhaltsstoffe** Flavonoide, Bitterstoffe, Triterpen-Saponine, Menisdaurin | **Vergiftungserscheinung** Übelkeit, Magen-Darm-Beschwerden, Apathie, Kreislaufbeschwerden

94 Tabakpflanze

Insektizid und Selbstmordmittel

Wie eine Zigarette aussieht, weiß jeder, doch kaum jemand kennt die Pflanze, aus der Tabak entsteht. Dabei ist die Nicotiana ein durchaus hübsches Geschöpf, das Indianern einst als Gewächs der Götter galt und Schamanen zu einer Reise in jenseitige Welten verhalf. Zu heilsam-spirituellen Zwecken wurde das Nachtschattengewächs meist blattweise gekaut oder entsaftet und gegen Schlangenbisse, Hauterkrankungen oder »Darmgicht« eingesetzt. Mit oftmals wenig gesundheitsförderlicher Wirkung. So berichtet James Johnstone 1796 in seinen physiologischen und pathologischen Untersuchungen über Tabak als narkotisches Gift: »In einem Fall, welcher mir vorkam, verursachte ein starker Absud von Tabak, als Klistier, in wenigen Minuten, bei einem Kinde, wo es wider die Würmer gegeben wurde, Verzuckungen und Tod.«

Dennoch kam das Nachtschattengewächs 1561 als Heilkraut an den französischen Hof, wurde aber schon bald als Genussmittel inhaliert, obwohl Päpste wie Könige diesen Gebrauch strikt verurteilten. Einem russischen Gesetz aus dem Jahr 1634 zufolge wurde einem bei Zuwiderhandeln sogar die Nase abgehackt. Wohlwollend stand die Obrigkeit dem Einsatz dieser Killerpflanze (40–60 Milligramm sind tödlich für Erwachsene) nur als Insektizid gegenüber, das flächendeckend für blattlausfreie Beete sorgte. Wegen der hohen Toxizität und raschen Wirksamkeit griffen aber auch lebensmüde Menschen gern zu einem Nikotin-Cocktail. Selbst in einer »Tatort«-Folge, »Schleichendes Gift«, wurde eine derartige Anleitung zum Selbstmord gezeigt. Und Agatha Christie mordete sich in ihrem Krimi »Nikotin« erfolgreich durch alle Schichten der Gesellschaft.

Doch auch im wirklichen Leben sorgt *Nicotiana* nicht nur für oft tödliche Raucherlungen, sondern verursacht bei Erntehelfern auch die »Green Tobacco Sickness«, weil die Giftstoffe auch über die Haut aufgenommen werden.

Info Die Tabakpflanze ist ein einjähriges Nachtschattengewächs mit länglich-elliptischen Blättern und glockig-trichterförmigen roten Blüten mit einem grünen Kelch. Blüte: Juli – Sept. | **Inhaltsstoffe** Nicotin | **Vergiftungserscheinung** Übelkeit, Schwäche, Zittern, Krämpfe, Magen-Darm-Beschwerden, Verwirrtheitszustände, Blutdruckabfall, Bewusstlosigkeit, rascher Tod durch Atemstillstand

95 Taumellolch

Schwindelerregendes Getreidegift

»Es ist das Lulchkraut ein sehr gemeines Gewächs / unnd ist allem Bauwersvolck wol bekannt«, schrieb Jacobus Theodorus Tabernaemontanus 1588 über dieses gefürchtete Unkraut, das – nomen est omen – vergiftete Menschen taumeln und schwanken lässt, als wären sie sturzbetrunken und dem Tode geweiht. Getreide, das mit den Ähren dieses gemeinen Gewächses verunreinigt war, hat im Laufe der Jahrtausende wohl Hunderte Menschen das Leben gekostet und Abertausende an den Rande des Wahnsinns gebracht. Und das vermutlich schon 3000 vor Christus, denn in ägyptischen Königsgräbern fand man Samen davon.

Doch die mörderische Karriere des Lolch hielt bis in die Neuzeit an. 1803 wurde im »Kurpfalzbaierischen Münchner Wochenblatt« zur allgemeinen Volksbelehrung vor den sehr bösen Eigenschaften des auch als Schwindelhafer oder Rauschgras bekannten Taumellolchs gewarnt: »Der Same hat einen süßlichen Geschmack, ist sowohl für die Menschen, als auch für die Thiere schädlich, und verursacht roh, oder in Bier, Brod, Branntwein genossen Berauschung, Schwindel, Schlaf, Kopfschmerzen, Bangigkeit, Erbrechen, Wahnsinn, Geschwulsten, Gichten, die sich mit Lähmungen endigen, ja sogar den Tod!«

Oft entstanden auch flächendeckende Seuchen mit Hunderten Erkrankten und die Kühe gaben keine Milch mehr, wofür meist Hexen büßen mussten. Die Schuld daran trugen jedoch Pilze aus der Mutterkorn-Verwandtschaft, die bei Mensch und Tier schwere Vergiftungen hervorriefen und deren fatale Auswirkungen man auf Matthias Grünewalds Isenheimer Altar heute noch sieht. Aufgrund des massiven Einsatzes von Pestiziden in der Landwirtschaft ist der tollwütige Grashalm allerdings mittlerweile fast ausgestorben. Allein in der Homöopathie taucht der Lolch vereinzelt als Mittel bei Schwindelanfällen, gereizten Nerven, Zittern und Delirium tremens auf.

Info Auch Schwindelhafer, Taubkorn, Tollkorn, Schlafkorn oder Giftlolch genannt. Einjährige Süßgrasart mit glatten Blättern und rauen Halmen, die Ähren entwickeln. Ackerunkraut. Blüte: Juni–Aug. | Inhaltsstoffe Temulin | Vergiftungserscheinung Trunkenheit, Taumeln, eingeschränktes Seh- und Denkvermögen, Schlafsucht, Tobsucht, Tod durch Atemlähmung

96_Thuja

Lebensbaum für Todeskandidaten

Egal ob abendländischer oder morgenländischer Lebensbaum, *orientalis* oder *occidentalis*, beide Spezies sind pflegeleicht, winterhart und stehen – ungeachtet ihres Namens – oft dem Tod näher als dem Leben. Nicht umsonst wachsen Thujen so gern auf Friedhöfen. Als einstiges Abtreibungsmittel hat dieses Gewächs allerdings auch ausreichend Menschen ins Jenseits befördert. Das Institut für Gerichtliche Medizin in Greifswald etwa berichtet 1931 von einem Fall, in dem sich eine 22-jährige Dienstmagd aus Verzweiflung über ihre Schwangerschaft einer Teekur mit Thujenlaub unterzog. Als diese nicht zum erhofften Erfolg führte, nahm die bedauernswerte Frau auch noch eine Vaginalspülung mit dem Tee vor. Kurz darauf verlor sie das Bewusstsein, verfiel in heftige Krampfzustände und verstarb zwei Tage später. Laut Obduktionsbericht an Blutungen im Herzfleisch, degenerativen Veränderungen der drüsigen Organe, insbesondere Leber und Nieren, sowie an einer doppelseitigen Lungenentzündung. Der Fötus wurde allerdings nicht geschädigt.

Aber nicht nur die Blattspitzen sind aufgrund ihres Gehalts an Thujon, einem starken Nervengift, äußerst toxisch, auch Holz und Zapfen haben es – im wahrsten Sinn des Wortes – in sich, was Giftstoffe betrifft. Dennoch hat die böse Pflanze durch Günter Herburgers »Thuja-Trilogie« Einzug in die Literatur gehalten und sich zudem einen gewissen volksmedizinischen Ruf erworben, so etwa als Einreibung gegen Warzen und Wucherungen. Der Homöopath Bönninghausen schrieb der Thuja im Falle einer Pockenepidemie sogar eine präventive wie kurative Wirksamkeit zu. Davon abgesehen sollte man von diesem Zierstrauch aber besser die Finger lassen. Und seinen Heckenschnitt keinesfalls auf Viehweiden entsorgen, denn besonders Pferde verenden immer wieder durch den Verzehr des Schnittmaterials, so etwa 18 Junghengste in Thüringen vor einiger Zeit.

Info Auch Lebensbaum, Weiße Zeder oder Friedhofsbaum genannt. Immergrünes Zypressengewächs mit waagrecht verzweigten Ästen und kleinen, schuppenartigen Blättern. Kleine weiße Blüten und ebenso kleine längliche Zapfen. Blüte: April–Mai | **Inhaltsstoffe** Thujon | **Vergiftungserscheinung** Hautreizungen, Übelkeit, Blutungen, epilepsieartige Krämpfe, Leber- und Nierenschäden, Koma, Fieber, Lungenödem, Tod; bei chronischer Einnahme: Halluzinationen, Persönlichkeitsveränderungen

97_Tollkirsche

Ideal für Mörder, Hexen und Wilddiebe

Im Reich der Giftpflanzen gehört die Tollkirsche zweifelsohne zu den Vertretern der Königsklasse. Bereits in der Steinzeit wurde ihr Extrakt als Pfeilgift verwendet, in der Antike rührte man aus Schlafbeeren, Opium und Bilsenkraut ein lebensbedrohliches Narkosemittel zusammen, im Mittelalter zählte sie neben Katzenhirn, Bilsenkraut, Fliegenpilz, Taumellolch und Säuglingsblut zu den Ingredienzen von Hexensalben, im Zuge kriegerischer Auseinandersetzungen vergifteten die Schotten unter König Duncan ein Wikingerheer mit Speisen, in die sie Atropin gemengt hatten, und Wilddiebe verbesserten ihre Nachtsicht über Jahrhunderte durch eine exakt dosierte Tollkirschenkur. Und obwohl bereits zehn bis zwölf Beeren oder 10 Gramm Blattwerk tödlich sein können, wurde der Taumelstrauch sogar zu medizinischen Zwecken genutzt, etwa gegen Krebs, Fallsucht, Melancholie oder tollwütige Hunde.

Was die Heilwirkung des Krautes betrifft, gingen und gehen die Meinungen jedoch auseinander. Für Hildegard von Bingen war es Teufelszeug, das den Geist zerrütte, Samuel Hahnemann hingegen hielt es für das vorzüglichste bekannte Heilmittel bei Veitstanz, Epilepsie und Wasserscheu. Allerdings fallen – über die Jahre gerechnet – die Todesfälle durch Atropin weitaus mehr ins Gewicht als die Heilerfolge. Die Kriminalgeschichte ist voll von Morden an Ehepartnern, Schwiegermüttern, Säuglingen, Erbtanten und Heimpatienten. Graham Young, ein britischer Serientäter, hat ebenso auf das tödliche Potenzial der Tollkirsche vertraut wie die Schweizer Giftmischerin Marie Jeanneret, die als Altenpflegerin gut situierte Patienten umbrachte. Sogar Secondhand-Morde gelingen dem höllischen Kraut. In Österreich landete eine ganze Familie im Krankenhaus, weil sie Wachteln verspeiste, welche sich ihrerseits kurz zuvor an den schwarzen Beeren delektiert hatten. Vielen Vögeln machen Tollkirschen eben weitaus weniger aus.

Info Auch Teufelskirsche, Wolfsbeere, Taumelstrauch, Tintenbeere, Saukraut, Schönmädchen, Irrbeere oder Schlafbeere genannt. Krautiges Nachtschattengewächs mit ganzrandigen, großen Blättern, glockigen violettbraunen Blüten und schwarzen, glänzenden und süßlichen Beeren. Blüte: Juni – Aug., Früchte: Aug. – Okt. | Inhaltsstoffe Atropin | Vergiftungserscheinung Euphorie, Verwirrtheit, Wahnvorstellungen, Pupillenerweiterung, Gesichtsrötung, Rededrang, Weinkrämpfe, Tobsucht, Durst, Lähmungen, Krämpfe, Tod

98 Tomate

Unreif eine Gefahr, gereift ein Genuss

Kaum eine Pflanze hat die Esskultur derart bereichert wie dieses Nachtschattengewächs. Egal ob Pizza, Pasta, Suppe oder Salat, ohne diese Beeren wären sommerlich-mediterrane Tafelfreuden um vieles geschmackloser. Beliebt waren die Tomaten aber schon bei den Azteken, wo die »prallen, runden Dinger« nicht nur als Alltagskost galten, sondern auch als Medizin. Sie tranken den Saft bei Erkältungskrankheiten, Blutarmut und Eingeweidewürmern und bestrichen sich sogar die Hämorrhoiden damit.

Nach Europa kam diese Genusspflanze erst durch Christoph Kolumbus. Wegen ihrer Zugehörigkeit zu den Nachtschattengewächsen stand man ihr anfänglich aber recht ablehnend gegenüber, dichtete ihr sogar magische, erotische und giftige Eigenschaften an. Puritaner etwa betrachteten sie als ein Werkzeug der Unzucht, deren Genuss den Frauen strikt verboten war. In aristokratischen Kreisen hingegen haben die Liebesäpfel tatsächlich so manchen Adeligen das Leben gekostet. Dabei trugen die Früchte keinerlei Schuld an all diesen mysteriösen Todesfällen, sondern allein die eleganten Schalen, die damals oft aus bleihaltigem Zinn bestanden, was in Verbindung mit säurehaltigen Nahrungsmitteln eine chemische Reaktion auslöste und bei gehäuftem Verzehr oft zu einer tödlichen Bleivergiftung führte. Arme Menschen mit Holzgeschirr hatten nichts zu befürchten. Außer die roten Beeren wurden in »grünem« Zustand konsumiert, was heftige Magen-Darm-Beschwerden verursachen kann, denn die gefährlichen Solanum-Alkaloide verflüchtigen sich erst durch die Reifung. Bei süßsauer eingelegten grünen Früchten ist demnach Zurückhaltung angebracht. Angeblich kann bei einem Kleinkind schon eine unreife Tomate – die »immergrünen« Sorten wie Evergreen oder Green Zebra natürlich ausgenommen – Vergiftungserscheinungen wie Krämpfe, Übelkeit und Erbrechen hervorrufen, Todesfälle sind aber nicht bekannt.

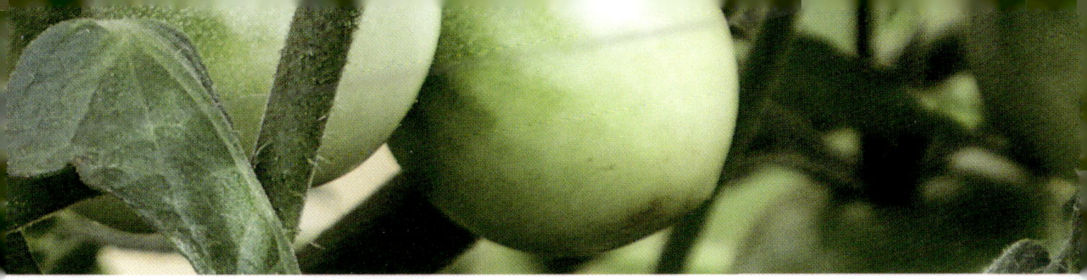

Info Auch als Paradeiser oder Liebesapfel bekannt. Krautige Pflanze mit behaartem Stängel und gefiederten Laubblättern. Kleine, kronenartige, meist gelbe Blüten, aus denen sich später die Früchte (Beeren) entwickeln. | **Inhaltsstoffe** Solanum-Alkaloide, Tomatin | **Vergiftungserscheinung** Kopfschmerzen, Magen-Darm-Beschwerden, Störungen der Kreislauf- und Atemfunktion

99__Trollblume

Bedenklicher Vitamin-C-Lieferant

In der schlesischen Grafschaft Glatz hat man die Trollblume nicht nur zur Königin der Flure, sondern auch gleich zum Wahrzeichen der ganzen Region (Glatz, Neurode, Habelschwerdt) ernannt, in Mecklenburg-Vorpommern ist sie auch noch recht häufig zu sehen, ansonsten macht sich die gelbe Blume aber schon recht rar. Im Hohen Westerwald soll es auch noch große Bestände geben, dort hat das schmucke Gewächs durch seine Leuchtkraft einst den Trollen auf den richtigen Weg geholfen, so steht es in einer Sage geschrieben.

Davon abgesehen ist die Pflanze aber weder heilkräftig noch lebensbedrohlich. Auszüge aus Blattwerk und Wurzeln wurden seinerzeit als Vitamin-C-Gabe bei skorbutischen Erkrankungen verabreicht, doch die Dotterblume hat sich weder als sehr wirksam noch als sonderlich bekömmlich erwiesen. Der Verzehr von Blüten oder Blättern führte meist recht rasch zu Verdauungsproblemen und Bauchgrimmen. Ernste Schäden hat die Kugelranunkel meist nur versehentlich angerichtet, etwa wenn man ihre Wurzel mit der der Schwarzen Nieswurz verwechselte. Ansonsten weiß man recht wenig über sie. Im siebten Band des »Neuen Natur- und Kunstlexikon« (1801) steht noch zu lesen: »Giftig soll die europäische Trollblume nicht seyn«, und würde vom Vieh durchaus gefressen werden. Mancherorts hieß es sogar, sie soll »frisch in Menge den Kühen gefüttert die Milch röthen«. Ein eher tragischer Irrtum, denn das Gift der Dotterblumen verflüchtigt sich erst durch die Trocknung. Frisch von der Wiese allerdings reagieren Rinder wie Pferde auf übermäßigen Verzehr mit schweren Koliken. Wobei es unwahrscheinlich ist, dass ein Tier, welches nicht kurz vor dem Hungertod steht, freiwillig dieses brennend scharfe Kraut frisst. Weidevieh rührt die gelben Blumen jedenfalls nicht an. Nur von Schildkröten wurden bislang schwere bis tödliche Vergiftungen berichtet.

Info Auch Glotzblume, Butterblume, Kugelranunkel, Goldknöpfchen, Engel-Hahnenfuß, Dotterblume, Glatzer Rose oder Krötenblume genannt. Krautiges Hahnenfußgewächs mit handförmig geteilten Blättern und gelben, kugeligen Blüten. Blüte: Mai – Juni | Inhaltsstoffe Protoanemonin, Saponine | Vergiftungserscheinung Erbrechen, Durchfall, Krämpfe, Schwindel, Hautreizungen, Benommenheit, Leibschmerzen

100 Waldrebe

Bettlerkraut und Schildkrötentod

So unauffällig diese Schlingpflanze in blühendem Zustand ist, so bemerkenswert erscheint sie im Spätherbst mit ihren bärtigen, wolligen weißen »Teufelshaaren«. Gnadenlos überwuchert sie Sträucher und Bäume bis hoch in den Kronenbereich und raubt ihren wehrlosen Quartiergebern oftmals das lebensnotwendige Licht. Doch nicht nur dem Pflanzenreich, auch dem Menschen kann dieses kuriose Gewächs durchaus gefährlich werden. Zwar berichtet die »Allgemeine Geschichte der thierischen und mineralischen Gifte« von Gmelin im Jahr 1806, dass »die Pariser die jungen Sprossen in den ersten Frühlingswochen als ein Zugemüse verspeisen oder sie unter die Salatkräuter mischen«, doch bereits wenige Jahre später, 1827, vermerkt Buchner im »Vollständigen Inbegriff der Pharmacie«, dass die frischen Blätter, »in den Magen gebracht, Entzündung machen, die leicht einen tödlichen Ausgang nehmen kann«. Vom Verzehr wird also dringend abgeraten. Von der Unsitte äußerer Anwendungen allerdings auch, welcher einst vor allem Bettler und »schlechtes Gesindel« huldigten. Mit der Pflanze, die eine stark hautreizende Wirkung hat, fügten diese bedauernswerten Menschen sich selbst üble Wunden und Geschwüre zu, um die Chancen auf milde Gaben und Almosen zu erhöhen. Daher der Name »Bettlerkraut«.

Raubbau an ihrer Gesundheit, wenngleich unfreiwilliger Art, betrieben und betreiben allerdings auch diejenigen, die Waldreben als Tabakersatz rauchen. Nicht nur, dass bereits Kinder regelmäßig mit heftigen Leibschmerzen und tagelangem Durchfall im Krankenhaus landen, weil sie »Lianentschick« inhalieren, auch Erwachsene ziehen recht gern an den Stängeln – eine im wahrsten Sinn des Wortes schwindelerregende Erfahrung. Wirklich lebensbedrohlich ist der Genuss dieser Schlingpflanze heutzutage aber fast nur noch für Landschildkröten, die die Giftstoffe der Pflanze in der Leber anreichern.

Info Auch als Baumwürger, Teufelszwirn, Brennkraut, Studentenpfeife, Hexenstrang, Narrenholz, Niele, Greisenhaar oder Altmännerbart bekannt. Bis zu 15 Meter hoher Kletterstrauch aus der Familie der Hahnenfußgewächse mit verholzenden Sprossachsen, gefiederten Blättern und langstieligen Blüten, aus denen sich Fruchtnüsschen mit verlängerten, stark behaarten Griffeln entwickeln. Daher der Name »Altmännerbart«. Blüte: Juni – Sept. | Inhaltsstoffe Protoanemonin | Vergiftungserscheinung Schwindel, Magen-Darm-Beschwerden, Nierenschäden, Nervenreizungen, Krämpfe, Lähmungen

101 Wandelröschen

Macht lichtscheu und trotzt sogar dem Feuer

Das dekorative Wandelröschen präsentiert sich gleich einem botanischen Chamäleon, denn es wechselt im Lauf des Sommers immer wieder seine Farbe zwischen Gelb, Orange, Rot oder gar Lila. Wirklich beliebt ist das bunte Röschen dennoch nur als Kübelpflanze zur Verschönerung der Terrasse. In wärmeren Gebieten wie Südafrika, Hawaii oder den Galapagosinseln ist dieser Strauch mittlerweile zur echten Landplage mutiert. Er überwuchert ganze Viehweiden, raubt den Sturmvögeln die Nistplätze und übersteht sogar Brandrodungen beziehungsweise Feuersbrünste relativ unbeschadet. In Australien, Indien, Mexiko, Kenia und Brasilien beißen Weidetiere mittlerweile recht regelmäßig ins tödliche Gras, weil der Verzehr dieses üblen Gewächses bei Sonneneinwirkung zu blutigen Durchfällen, Gelbsucht, Leberschäden, Bewegungsstörungen und einer abnormalen Lichtempfindlichkeit führt.

Aber auch Kinder riskieren gesundheitliche Schäden durch den Verzehr unreifer Früchte, die oft mit Heidelbeeren verwechselt werden. Ein zweieinhalb Jahre altes Mädchen starb angeblich sogar an seiner Naschsucht, da die Latenzzeit bis zum Auftreten von Krankheitszeichen oft Stunden dauern kann – und dann ist es zu spät für erfolgreiche Hilfsmaßnahmen. Die Symptomatik von Intoxikationen durch *Lantana* weist übrigens viele Gemeinsamkeiten mit einer Tollkirschen-Vergiftung auf. Die Opfer taumeln mit weit aufgerissenen Pupillen und bläulicher Haut beziehungsweise Schleimhaut wie von Sinnen herum und ringen nach Luft. Wegen dieser perfiden Eigenschaften hat der australische Schriftsteller Andrew Bovell der Pflanze sogar ein Theaterstück gewidmet. Der Autor sieht in *Lantana*, so auch der Name des Beziehungs-Killer-Stücks, perfekte Parallelen zum Eheleben. Alles wird überwuchert, alles scheint undurchdringlich, es raubt einem oft den Atem, und die genussvollsten Dinge entpuppen sich als tödliches Gift.

Info Auch als Bergsalbei oder Zitronenstrauch bekannt. Mittelhoher Strauch aus der Familie der Eisenkrautgewächse mit gesägten Blättern, kantigem Stängel und kugeligen Blütenständen, die ihre Farbe von Gelb über Orange bis zu Violett wechseln können. Die beerenartigen Früchte sind zuerst grün, danach blauschwarz. Blüte: Juni – Sept., Früchte: Sept. – Okt. | **Inhaltsstoffe** toxische Triterpenester | **Vergiftungserscheinung** Pupillenerweiterung, Gelbsucht, abnorme Lichtempfindlichkeit, Leberschäden, Durchfall, unkontrollierte Muskelreaktionen, Atemprobleme, Tod

102_Weihnachtsstern

Tödlich für Dackel und Meerschweinchen

Schon die Azteken liebten den Weihnachtsstern, den sie »Cuetlaxóchitl« (Blume, die welkt) nannten. Einer Legende zufolge entsprang dieses leuchtende Gewächs sogar dem Blutstropfen einer aztekischen Göttin, die an gebrochenem Herzen verstarb. Der in seiner ursprünglichen Heimat bis zu vier Meter hohe Strauch wurde aber nicht nur als Symbol von Reinheit, Unschuld und wahrer Liebe verehrt, sondern diente zudem als Arzneimittel gegen Fieber und als roter Farbstoff.

Heute hingegen zählt die einstige Lieblingsblume Montezumas nur noch zum allseits beliebten Standardinventar der Weihnachtsdekoration, die allein das Auge erfreut. Zwar werden auf Java die jungen Blätter nach wie vor als Gemüse verspeist, doch im Interesse seiner Gesundheit sollte man besser die Finger davonlassen, obwohl das Laubwerk gar nicht übel schmeckt. Ernst zu nehmende Vergiftungen sind allerdings eher selten der Fall. Bei insgesamt 22.793 in den USA gemeldeten Vorfällen mit dem Liebesstern stellten sich meist nur Durchfall, Erbrechen, Fieber und Hautreizungen ein. Außerdem riskieren Gärtner und Floristen, die oft mit dem Milchsaft der Pflanze in Berührung kommen, Allergien oder eine Kontaktdermatitis, Todesfälle bei Menschen sind aber nicht bekannt, zumindest nicht, was die Zuchtformen betrifft.

Tiere hingegen scheinen sensibler zu reagieren. Dokumentiert ist der Fall eines eidgenössischen Dackels, der nach dem Genuss einiger Blätter schwere Magen-Darm-Beschwerden bekam, apathisch wurde, unter hohem Fieber litt und letztlich an einem Lungen- und Magenödem verstarb. Verbürgt ist auch der Todesfall eines Meerschweinchens, das nach dem Verzehr von Pflanzenteilen an schweren Verätzungen im Magen verstarb. Und Katzen landen regelmäßig beim Tierarzt, weil sie in Ermangelung von Katzengras am Adventstern knabbern, was jedoch meist ohne letale Folgen bleibt.

Info Auch Adventstern, Liebesstern, Blume der Heiligen Nacht oder Poinsettie genannt. Wolfsmilchgewächs mit eiförmigen Blättern, unauffälligen Blüten und leuchtend roten oder weißen Hochblättern. Blüte: Dez.–Feb. | **Inhaltsstoffe** ß-Amyrin und Germanicol | **Vergiftungserscheinung** Benommenheit, Magen-Darm-Beschwerden, Schläfrigkeit, Fieber, Bauchschmerzen

103 Wermut

Das Gift der grünen Stunde

Bereits 1700 vor Christus wird dieses faszinierende Kraut im ägyptischen »Papyrus Ebers« als Heilmittel gegen Würmer gelobt. Später empfahl es Plinius als Schuheinlage, um müden Beinen vorzubeugen, im Mittelalter wurde das Gewächs gegen Cholera, Pest, Rheuma, Gelbsucht und Ungezieferbefall verschrieben, und gelehrte Mönche mischten bitteren Wermutsaft unter die Tinte, um Motten und Mäusen den Appetit auf wertvolle Manuskripte zu verderben. Zudem diente der Strauch als lebensgefährliches Abortivum. Die Äbtissin Hildegard von Bingen hingegen lobte »Wermuda« als »Meister über alle Erschöpfungszustände im Menschen«.

Doch so heilsam Tropfen, Tinkturen oder Teekuren auch sein mögen, so zerstörerisch wirkt das pflanzliche Destillat mit Alkohol. Das als Absinth berühmt-berüchtigte Rauschmittel, wegen seiner Farbe und halluzinogenen Wirkung auch »Grüne Fee« genannt, führte bei chronischem Gebrauch zu körperlichem wie seelischem Verfall, zu Delirien, Krämpfen und oft auch zum Tod, manchmal durch Selbstmord. Oder zumindest zum Verlust eines Ohres, wie im Fall des Malers Vincent van Gogh. Dennoch galt Wermut-Schnaps lange Zeit als Kultgetränk und Lieblingsdroge der Boheme. Paul Gauguin, Oscar Wilde, Charles Baudelaire, Ernest Hemingway, Edgar Allan Poe, Henri de Toulouse-Lautrec und natürlich van Gogh waren der Grünen Fee zur grünen Stunde (17 bis 19 Uhr) hemmungslos verfallen. Die Folgen dieser riskanten Unsitte hat Manet in seinem Gemälde »Der Absinthtrinker« recht stimmig festgehalten. Baudelaire hingegen betrachtete das vor allem wegen seines extrem hohen Alkoholgehaltes gefährliche Gesöff als zartgrüne Muse, die ihn mehrmals aus seinen Schreibblockaden errettete. »Die toten Wörter stehen auf und sind aus Stein und Bein«, vermerkte er beglückt. Ob die Mönche und Nonnen, denen Absinth als sexuelles Sedativum verordnet wurde, auch beglückt waren, ist allerdings nicht überliefert.

Info Auch Grabkraut, Wurmtod, Heilbitter, Absinth, Elss oder Krampfkraut genannt. Wintergrüner, stark behaarter und aromatisch duftender Halbstrauch aus der Familie der Korbblütler mit weißgrauen, gefiederten Blättern und kleinen, in Rispen angeordneten gelben Blüten. Blüte: Juli – Sept. | **Inhaltsstoffe** Absinthin, Thujon | **Vergiftungserscheinung** Benommenheit, Schwindel, Delirien, Lähmungen, Verwirrtheitszustände, Krampfanfälle, Koma, Tod

104_Winterling

Die unbekannte Giftblume

Obwohl der Winterling wegen seiner Herzglykoside in nahezu der gesamten botanischen Literatur als »sehr giftig« eingestuft wird, gilt diese Pflanze nach wie vor als »kleine« Unbekannte. Und das, obwohl sie mit ihren gelben Blüten fröhliche, oftmals flächendeckende Akzente in der verschneiten Landschaft setzt. Selbst die botanische Definition dieses Gewächses war bis vor gar nicht langer Zeit eine äußerst verworrene Angelegenheit. Namen wie Giftheilsturmhut, Winterwolfswurz oder »Winter Aconite« (englische Bezeichnung) weisen nicht nur auf die toxischen Seiten des Winterlings hin, sondern auch auf dessen irrtümliche Klassifizierung als Abart von Eisenhut oder Christrose. So wird Eranthis in der älteren Literatur meist als Winternieswurz (*Helleborus hyemalis*) beschrieben, mit brennendem Geschmack und scharfen, ätzenden Ölen, vor deren »drastischen Wirkungen« man sich in Acht nehmen müsse, denn sie würde unter heftigen Schmerzen die Eingeweide bis zum Tode entzünden. Und in den »Sagen der Vorzeit« von Veit Weber ist zu lesen: »Drum schlichen sie zur Gespensterstunde in den Burggarten, pflückten sich blauen und Winterwolfswurz … Eisenhüthlein und Schierling zur Suppe, assen sie miteinander, herzten und küßten sich dann, und starben und waren todt.«

Als absolute Minderheit unter den wildwüchsigen Pflanzen kann die Winterwolfswurz nicht einmal auf ein paar gute, heilsame Seiten verweisen. Selbst im neuen Clarke, der »Enzyklopädie für den homöopathischen Praktiker«, wird sie mit wenigen warnenden Worten abgehandelt. Beim Winterling handle es sich um einen nahen Verwandten von Helleborus, welcher auf den Solarplexus wirke und starke Atemnot verursache. Zudem rufe er betäubende Kopfschmerzen hervor, grünes Erbrechen, gallertartige Exkremente und Apathie. Einen britischen Rauhaardackel hat der »Winter Aconite« sogar sein 12-jähriges Hundeleben gekostet.

Info Auch Ackerwurz, Knobelblume, Butterbällchen, Tag-und-Nacht-Blume, Giftheilsturmhut oder Winterwolfswurz genannt. Bodendeckendes Hahnenfußgewächs mit knolliger Wurzel, langstieligen, handtellerförmig gelappten Blättern, die oft erst nach den gelben Blüten erscheinen. Blüte: Jan. – April | Inhaltsstoffe Herzglykoside, Eranthin | Vergiftungserscheinung Koliken, verlangsamter Puls, Durchfall, Erbrechen, Sehstörungen, Herzstillstand

105__Wolfsmilch

Hochgiftige Warzenmilch

Eins vorweg: Nicht nur die Zypressenwolfsmilch, auch »Verwandte« wie Garten- oder Sonnenwendwolfsmilch sind giftig. Schon kurzer äußerlicher Kontakt mit der milchigen Flüssigkeit kann zu nekrotischen Wunden auf der Haut, zu Bindehautentzündungen und sogar zur völligen Erblindung führen. Dennoch wurde gerade die Wolfsmilch jahrhundertelang als probates Mittel gegen Warzen, Hühneraugen, Sommersprossen und Darmträgheit empfohlen. Mit schlimmstenfalls tödlichen Folgen. Adelbert von Chamisso etwa berichtet indigniert über die damaligen Heilmethoden: »Insbesondere unberufene Ärzte und Quacksalber haben diese gefährliche Pflanze angewandt und auf dem Land Giftmischerei damit betrieben.«

Samuel Hahnemann sah die Verabreichung des bis »in den Magen herab brennenden, äußerst scharfen Milchsaftes« ähnlich problematisch. Sogar in schmerzende Zähne hat man sich den ätzenden Saft geträufelt oder als Haarwuchsmittel aufs kahle Haupt geschmiert. Dabei wurde und wird immer wieder auf die tödliche Wirkung dieser Medikationen verwiesen. So berichtet im 18. Jahrhundert der österreichische Arzt Johann Anton Scopoli von einer Frau, die angeblich nur 1,8 Gramm der Wurzel verzehrte und 15 Minuten später verstarb. Überliefert ist auch der Fall eines Jungen, der wegen seines spärlichen Schamhaarbewuchses eine Milchsaftmassage vornahm, was eine schlimme Entzündung hervorrief. Heutzutage haben die Notaufnahmen aber hauptsächlich mit kleinen Kindern zu tun, die aus Neugier an den Stängeln kauen, was zu Krämpfen, Tobsuchtsanfällen, blutigem Durchfall oder Nierenentzündungen führen kann. Doch bislang kamen, zumindest in neuester Zeit, alle mit dem Leben davon. Im Unterschied zu den Fischen, die pflanzenkundige Angler über Jahrhunderte mit »Wolffsmilch«, die sie einfach ins Wasser warfen, betäubten und dadurch ohne jede Anstrengung an Land zogen.

Info Auch Teufelsmilch, Giftmilch, Krötengras, Saumolke, Bauernrhabarber oder Warzenkraut genannt. Ausdauernde Pflanze mit kräftigem Wurzelstock und dünnen, von schmalen, länglichen Blättern bewachsenen Stängeln, die Milchsaft führen. Gelblich grüne Blütendolden. Blüte: April–Mai | **Inhaltsstoffe** Euphorbon, Phorbolester | **Vergiftungserscheinung** äußerlich: schwere Haut- und Augenschäden; innerlich: Erbrechen, Krämpfe, Verletzungen in Mund- und Rachenraum, Pupillenerweiterung, Schwindel, Nierenschäden, Co-Karzinogen, Tod. Viehvergiftungen: Koliken, Leberschäden, Delirien, Krämpfe; das Gift geht in die Milch über

106 Wunderbaum

Massenmörder, Folterinstrument und Regenschirmattentäter

Hätte die Evolution beziehungsweise der Schöpfer gewusst, zu welch unfassbaren Grausamkeiten man die bizarren Früchte des Wunderbaums missbrauchen würde, er wäre wohl nie gewachsen. Besonders das abführende Öl der Pflanze erfreute sich unter Folterknechten größter Beliebtheit. Nazi-Schergen flößten den Gefangenen Rizinusöl ein, damit diese ihre falschen Ideologien »ausschissen«, Anhänger Mussolinis verfuhren ähnlich mit italienischen Dissidenten, und zur Zeit Francos wurde rebellischen Frauen zuerst der Kopf geschoren und ihnen danach eine halbe Karaffe des Öls eingetrichtert. Mit oftmals tödlichen Folgen, denn durch die gewaltsame Verabreichung erstickten viele der Opfer an ihrem eigenen Blut. Doch Bösewichte aus der ganzen Welt bedienen sich nicht nur des – in geringen Dosen ungefährlichen – Öls, sie sorgen auch mit den hochtoxischen Samen für Mord und Totschlag.

Besonders berühmt wurde Rizin durch den Mord an dem 49-jährigen bulgarischen Regimekritiker Georgi Markov. Es geschah 1978 in London, Waterloo Brigde. Markov stand an einer Bushaltestelle und verspürte ein leichtes Piken am rechten Oberschenkel. Neben ihm hantierte ein Mann mit einem Regenschirm herum. Kurz darauf bekam der Exil-Bulgare Fieber und verstarb drei Tage nach dem tödlichen Stich. In der mikroskopisch kleinen Wunde an seinem Bein wurden gerade mal 200 Mikrogramm Rizin festgestellt. Geklärt wurde das Attentat erst 30 Jahre später. Auch heute noch füllen die Akten von Rizin-Vergiftungen ganze Regale. Touristinnen spielen mit Schmuckketten aus den Samen herum und erkranken, in Köln bastelte ein Ehepaar aus Tausenden Giftdosen eine Bio-Bombe, in Vermont experimentierte die Bewohnerin einer Senioren-Residenz mit der letalen Substanz und selbst Donald Trump erhielt vor einiger Zeit einen hochtoxischen Rizin-Brief.

Info Auch Castor-Bohne oder Palma Christi genannt. Mittelgroßer Baum aus der Familie der Wolfsmilchgewächse mit handtellerförmigen Blättern, unscheinbaren Blüten und auffallend roten, kugeligen und stacheligen Früchten, in denen sich hübsche gefleckte Samen befinden. | **Inhaltsstoffe** Ricin, Ricinin | **Vergiftungserscheinung** Übelkeit, Schwindel, blutiges Erbrechen, Leber- und Nierenschäden, Thrombosen, Tod durch Organversagen, Kollaps oder Harnvergiftung

107_Wurmfarn

Teufelskult und Bandwurmtod

Es gab einmal eine Zeit, da wandelten Dinosaurier auf der Erde, und die Farne wuchsen zu riesigen, 30 Meter hohen Bäumen heran, und vielleicht besaßen damals selbst die Bandwürmer, gegen die dieses Kraut später eingesetzt wurde, die Größe einer Schlange. Bereits vor Tausenden Jahren griffen die Menschen zum Farn, um die Schmarotzer in ihren Eingeweiden loszuwerden. Bestimmte Nerven- und Muskelgifte der Pflanze lähmten Würmer und Darmparasiten, danach wurden diese durch eine purgative Behandlung (oftmals mit Rizinus) abgeführt. Wie so oft beim Einsatz von falsch dosierten Hausmitteln ging die Sache auch in diesem Fall gewaltig in die Hose. Mehrere Kleinkinder verstarben an den brachialen Kuren, mehrere Menschen büßten dauerhaft ihre Sehkraft ein, und der deutsche Psychiater Alexander Westphal dokumentierte den Fall eines Mannes, der 1926 im Anschluss an eine Darmreinigungskur mit einer schweren Psychose und epileptischen Anfällen in der Provinzial-Heil- und Pflegeanstalt und Psychiatrischen Klinik der Universität Bonn landete.

Andererseits bezahlte Friedrich der Große seinem Haus- und Hof-Apotheker Daniel Matthieu für ein wirkungsvolles Wurmmittel 200 Taler und verlieh ihm noch dazu die Hofratswürde. Dennoch bewiesen die Heilkundigen oftmals recht wenig Fingerspitzengefühl, denn mit den Würmern ging auch so mancher Fötus ab. Angeblich genügen 0,8 Gramm Farnextrakt für schwere Intoxikationen. Beliebt war dieses Kraut aber nicht nur wegen seiner radikalen diätetischen Wirkungen, sondern auch aufgrund seiner magischen Fähigkeiten. Farnkraut im Schuh sollte unsichtbar machen, die Sporenkapselhäufchen hingegen nutzten »verwegene, gottvergessene Wesen« für eine Art Teufelskult. Dazu sammelten sie die Kapseln und warteten an einem Kreuzweg auf das Erscheinen Luzifers. Und wenn sie nicht gestorben sind, dann warten sie bestimmt noch heute.

Info Auch als Schlangenkraut, Maukewurzel, Bandwurmkraut, Glückshand, Hexenkraut, Wanzenkraut oder Teufelsleiter bekannt. Bis zu einen Meter hohes Gewächs mit dickem Wurzelstock, aus dem die Blattwedel büschelförmig herauswachsen. Auf der Rückseite der Wedel erscheinen ab dem Frühsommer kleine bräunliche Sporenhäufchen. | **Inhaltsstoffe** Butanophloroglucide, Gerbstoffe | **Vergiftungserscheinung** Magen-Darm-Beschwerden, Sehstörungen, Koma, Krämpfe, Erregungszustände, Nierenschäden, Erblindung, Herzschwäche, Atemlähmung, Tod

108 Zaunrübe

Falsche Alraune, Abortivum und Keuschheitswurzel

Die rankende Zaunrübe ist ein wirklich gemeines Gewächs. Kaum vorstellbar, dass diese Pflanze einst als lebensbedrohliches Abführmittel vorsätzlich kultiviert wurde. Immerhin vermerkte bereits Hildegard von Bingen, dass selbst der Geruch der Wurzel tötet. Und der Berliner Friedrich Wunschmann schrieb 1833 über die Wurzel mit ihrem scharfen Milchsaft, dem widrigen Geruch und dem ekligen Geschmack, dass sie »äußerlich heftige Reizungen und Entzündungen bewirkt, innerlich heftiges Purgiren, Leibschmerzen, gewaltsames Erbrechen, tödtliche Magen- und Darmentzündungen, große Angst, Schwindel und Wahnsinn«. Durchaus wahre Worte, die der gefährlichen Beliebtheit von Bryonia als Arznei gegen Rheuma, Gicht und die blauen Flecken von verprügelten Ehegattinnen allerdings keinen Abbruch taten.

Mancherorts wurde sogar Brot aus dem Mehl der Rübe gebacken oder die Wurzel, kunstvoll zurechtgeschnitzt, zu horrenden Preisen als »echte« Alraune verkauft. Über Jahrhunderte stand die Pflanze zudem im Ruf, den Sexualtrieb zu dämpfen, Schwangerschaften zu verhüten und die Leibesfrucht abzutreiben – mit entsprechend letalen Folgen. Oft endete schon der Versuch, seinen Darminhalt »abzutreiben«, auf dem Friedhof. So liest man im »Handbuch des Straf-Verfahrens in den Königl. Preußischen Staaten« (1830) von einer tödlichen Vergiftung durch eine in Bier gekochte Gichtrübe: »Todesursache: Entzündung und Nierenmitleiden.«

Aber auch die kleinen Beeren erzeugen durchaus große Wirkungen. Ab circa sechs Beeren muss man mit einem Krankenhausaufenthalt rechnen, 15 Beeren gelten bereits als Todesurteil für Kinder. Da die reifen Früchte aber sehr bitter schmecken, schlagen Menschen sich kaum den Bauch damit voll. Und in homöopathischen Mengen genossen, zeigt sich selbst die Bryonia im Kampf gegen Gallenbeschwerden, Grippe, Kopfweh, Husten und rheumatische Leiden von einer guten Seite.

Info Auch als Totenwurzel, Tollrübe, Gichtrübe, Faslwurz, Teufelskirsche, Gänseverrecker oder Heckenranke bekannt. Kletterpflanze aus der Familie der Kürbisgewächse mit großer rübenartiger Wurzel, gelappten Blättern und kleinen weißlich gelben Blüten, aus denen sich später rote Beeren entwickeln. Die Wurzel sondert einen scharfen Milchsaft ab. Blüte: Juni – Sept., Früchte: Aug. – Okt. | Inhaltsstoffe Bryonicin, Bryonol, Cucurbitacine, Saponin, Terpene | Vergiftungserscheinung äußerlich: Blasenbildung, Entzündungen; innerlich: blutiger Durchfall, Abort, Nierenschäden, Schwindel, Koliken, Erregungszustände, Krämpfe, Atemstillstand

109 Zerberusbaum

Musterschüler für Selbstmord und Mord

Die gute Nachricht: Zum Glück für ungeliebte Ehegatten und tendenzielle Selbstmörder stehen Zerberusbäume hauptsächlich in südostasiatischen Landschaften herum. Die schlechte Nachricht: Als Dekorationsobjekte sind die tödlichen Samen des Killerbaums (Mintolla genannt) im Blumenhandel sehr beliebt. Das wusste auch die Gärtnerin Kerstin H. aus Ostholstein und mischte ihrem Mann zerbröselte Samenkapseln ins Chili con Carne. Gatte Rolf bekam umgehend Herzrasen, Sehstörungen und heftigste Krämpfe, überlebte sein letztes Abendmahl aber wie durch ein Wunder.

Da das Gift der Cerbera in unseren Breiten recht unbekannt ist und die Opfer rasch und unauffällig an »banalem« Herzversagen sterben, wird die Dunkelziffer an erfolgreichen Mordversuchen wohl höher liegen.

Im indischen Bundesstaat Kerala hingegen verloren, einer Studie des »New Scientist« zufolge, zwischen 1989 und 1999 über 500 Menschen durch diese »Pflanze des Höllenhundes« das Leben. Böse Schwiegermütter vergiften junge Ehefrauen, verarmte, landlose Bauern nehmen sich freiwillig das Leben. Der Toxikologe Louis Lewin berichtet bereits 1897 darüber: »Dieser Baum ist in allen Theilen giftig. Der Fruchtkern wird in Indien zu Giftmorden gebraucht.« Und Meyers Konversations-Lexikon warnte 1880: »Das Holz riecht unerträglich unangenehm und betäubt, wenn es ins Wasser geworfen wird, die Fische so, daß sie sich mit den Händen fangen lassen. Die länglich-walzigen, in harter Schale eingeschlossenen Samen gehören zu den am schnellsten wirkenden Giften.«

Auch in Österreich wurde mittlerweile der erste Fall einer lebensbedrohlichen Vergiftung mit *Cerbera odollam* dokumentiert. Ähnlich todbringend ist übrigens ein naher Verwandter des Selbstmordbaums, die *Cerbera manghas*, deren gleichfalls toxische Samen in Madagaskar für Gottesurteile verwendet werden.

Info Auch Selbstmordbaum oder Schellenbaum genannt. Baum oder Strauch aus der Familie der Hundsgiftgewächse mit lanzettartigen, ledrigen Blättern und weißen, duftenden Blüten, aus denen mangoartige Früchte entstehen. | **Inhaltsstoffe** unter anderem Herzglykoside, Cerberin, Neriifolin, Cerberosid | **Vergiftungserscheinung** starker Durchfall, Erschöpfung, Würgereiz, Herzrasen, Atemprobleme, Koma, nach circa sechs Stunden Herzstillstand

110_Zimtrinde

Marihuana-Ersatz, Abortivum und Risiko-Plätzchen

Was haben Apfelstrudel, Weihnachtskekse und Glühwein gemeinsam? Richtig, sie alle enthalten Zimt. Doch bei diesem beliebten Gewürz macht nicht nur die Dosis das Gift, sondern auch die Herkunft. Der handelsübliche Cassia-Zimt (*Cinnamomum cassia*) aus China unterscheidet sich vom teureren Ceylon-Zimt (*C. verum*) aus Sri Lanka nicht nur durch die Qualität, sondern auch im Gehalt von Cumarin. Dieser Aromastoff hat, ab sechs Milligramm pro Tag, durchaus gesundheitliche Konsequenzen, kommt in Ceylon-Zimt jedoch in weitaus geringeren Mengen vor. Bei allzu vielen Zimtsternen oder Lebkuchenherzen riskieren kleine wie große Naschkatzen also schon mal ernste Leberschäden, Depressionen, Schlafanfälle oder gar das Leben eines noch ungeborenen Kindes. Der Homöopath Samuel Hahnemann etwa schrieb: »Im Allgemeinen ist der Zimmt eins der hitzigsten Gewürze, welches aber nicht nur den ganzen Blutlauf erregt, sondern auch insbesondere die Thätigkeit der Geburtstheile und der Bärmutter in Bewegung setzt.« Schwangeren sei demnach zu einer gewissen Enthaltsamkeit geraten.

Die duftende Rinde wirkt aber nicht nur auf den Körper, sie beeinflusst auch den Geist. Stimmungsaufhellend und entspannend sollen die Stangen sein, was ab den 30er Jahren viele Menschen dazu verleitet hat, zum Gewürzstängel zu greifen. So vermerkt selbst das Bundeskriminalamt Wiesbaden im Zuge der Rauschgiftbekämpfung 1955: »In jüngster Zeit sind neben den Marihuana-Zigaretten in Amerika die sogenannten Z i m t-Zigaretten oder Canel-Zigaretten aufgekommen, die eine Mischung von Tabak mit einer bestimmten Zimtsorte (Canela heißt im Spanischen: Zimt) enthalten und die gleiche Wirkung wie die Marihuana-Zigaretten haben.« Überzeugte Nichtraucher und amerikanische Jugendliche auf der Suche nach einem Relax-Trip schlecken sogar Zimtöl, was zwar der Stimmung, nicht aber der Gesundheit förderlich ist.

Info Auch Kaneelbaum genannt. Immergrüner Baum aus der Familie der Lorbeergewächse mit bis zu 20 Zentimeter langen, ovalen Blättern, unauffälligen Blüten und Beeren. Zimt stammt von der inneren Rinde. | **Inhaltsstoffe** Cumarin, Zimtaldehyd | **Vergiftungserscheinung** zuerst Erregung und Herzrasen, danach Schläfrigkeit, Übelkeit, depressive Verstimmung, zentrale Lähmungserscheinungen, Tod

111 Zucchini

Killergemüse für Hobbygärtner

»Rentner starb nach Zucchiniauflauf«, »Giftiger Zucchini setzte Tirolerin bitter zu«, »Zucchini-Vergiftung: Bereits fünf Menschen in Bayern behandelt«: So oder ähnlich lauten die Schlagzeilen, mit denen dieses scheinbar so harmlose Kürbisgemüse Jahr für Jahr Aufsehen erregt. Unter den Heimgärtnern haben derartige Horrormeldungen für tiefste Verunsicherung gesorgt, unter den Medizinern zumindest für einige Verwunderung. Immerhin galten die Pflanzen doch stets als leicht verwertbar und gesund, doch keinesfalls als lebensbedrohlich. Und dann landen die Gemüsefreunde auf einmal mit Schaum vor dem Mund, höllischen Schmerzen und Leberversagen auf der Intensivstation.

Schuld an den mehr oder weniger tödlichen Unverträglichkeiten sind jedenfalls toxische Bitterstoffe, die Cucurbitacine, welche den Magen-Darm-Bereich schädigen können, was schlimmstenfalls zu einer Blutvergiftung mitsamt Organversagen führt. Dank jahrzehntelanger Selektion sind diese gefährlichen Substanzen aus den handelsüblichen Exemplaren herausgezüchtet worden, doch der Einsatz von eigenem Saatgut, die Nähe zu Zierkürbissen oder eine pflanzliche Stressreaktion wegen extremer Hitze können zu Rückmutationen und -kreuzungen führen. Und auf einmal schmecken die Zucchini, aber auch Gurken, Melonen oder Kürbisse, auffallend bitter – ein Fall für den Abfalleimer – oder das Krankenhaus. Kochen oder braten ist keine Lösung, denn Cucurbitacine sind hitzeresistent. Französische Giftzentralen etwa verzeichneten in fünf Jahren 353 Fälle von Erkrankungen durch bittere Kürbisse. Dennoch sollte man sich die Lust auf das Sommergemüse nicht verderben lassen, denn wie sprach schon Hildegard von Bingen: »Die Kürbisse sind trocken und kalt und wachsen von der Luft. Und sie sind für kranke und gesunde Menschen gut zu essen.« Nur bitter dürfen sie nicht schmecken.

Info Kürbisgewächs, allerdings weniger rankend als der Kürbis und mit kleineren Blättern. Früchte werden mittlerweile in Gelb, Grün, aber auch Violett gezüchtet. | Inhaltsstoffe Cucurbitacine | Vergiftungserscheinung starker Durchfall, Kopfschmerzen, Koliken, Herzrasen, blutige Darmentzündung, Organversagen

Krimis von Klaudia Blasl im Emons Verlag

Klaudia Blasl
Kernölkrieg
Kriminalroman
ISBN 978-3-7408-0303-2

Klaudia Blasl
Gamsbartmassaker
Kriminalroman
ISBN 978-3-95451-814-2

Klaudia Blasl
Miederhosenmord
Kriminalroman
ISBN 978-3-95451-355-0

Klaudia Blasl
Böse Blumen
Zwölf giftige Pflanzenkrimis
ISBN 978-3-7408-0609-5

Klaudia Blasl
Noch mehr böse Blumen
Fünfzehn giftige Pflanzenkrimis
ISBN 978-3-7408-1110-5

Klaudia Blasl
Gärten, Gift und tote Männer
Kriminalroman
ISBN 978-3-7408-1384-0

Klaudia Blasl
Gärten, Gift und große Liebe
Kriminalroman
ISBN 978-3-7408-2070-1

Klaudia Blasl
Gärten, Gift und kalte Rache
Kriminalroman
ISBN 978-3-7408-2535-5

Roland Grumt Suárez,
Holger Grumt Suárez
111 Dinge über Affen,
die man wissen muss
ISBN 978-3-7408-1214-0

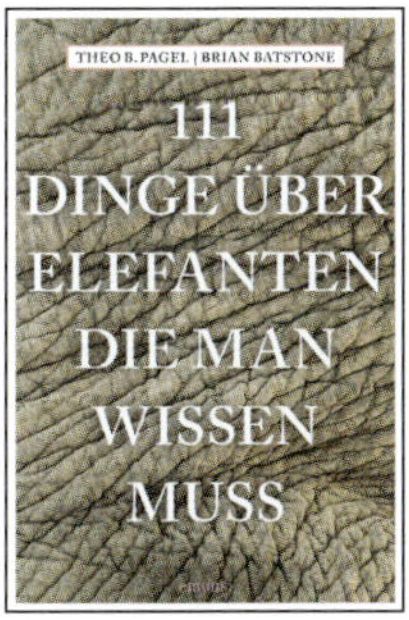

Theo Pagel, Brian Batstone
111 Dinge über Elefanten,
die man wissen muss
ISBN 978-3-7408- 2553-9

Franziska Weyer,
Nicole Lützenkirchen
111 Dinge über Hunde,
die man wissen muss
ISBN 978-3-7408-1711-4

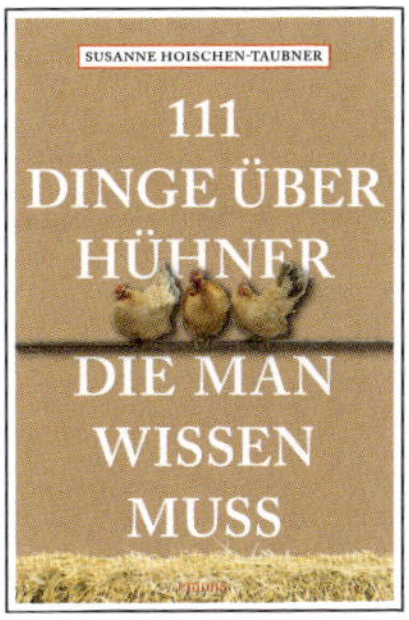

Susanne Hoischen-Taubner
111 Dinge über Hühner,
die man wissen muss
ISBN 978-3-7408-1977-4

Walter M. Weiss,
Ulrich Wernery
111 Dinge über Kamele,
die man wissen muss
ISBN 978-3-7408-1206-5

Annett Klingner,
Pascal Klunder, Katja Erdmann
111 Dinge über Katzen,
die man wissen muss
ISBN 978-3-7408-1204-1

Franziska Weyer, Katrin Obst
111 Dinge über Pferde,
die man wissen muss
ISBN 978-3-7408-1864-7

Rudolf Jagusch,
Susanne Jagusch
111 Dinge über Schweine,
die man wissen muss
ISBN 978-3-7408-0990-4

Maria Teresa Carbone
111 Hunde, die man
kennen muss
ISBN 978-3-7408-0477-0

Elke Pistor
111 Katzen, die man kennen muss
ISBN 978-3-95451-830-2

Stefan Schneider
111 sportliche Impulse, die schlau und glücklich machen
ISBN 978-3-7408-2637-6

Christina Gschwendtner
111 Dinge über die Wechseljahre, die man wissen muss
ISBN 978-3-7408-2344-3

Petra Wochnik, Andreas Klesse
111 Dinge über das Wattenmeer, die man wissen muss
ISBN 978-3-7408-1081-8

Jochen Reiss
111 Dinge über den Hamburger Hafen, die man wissen muss
ISBN 978-3-7408-1626-1

Anjana Gill
111 Impulse für ein glückliches Leben
ISBN 978-3-7408-2565-2

Marion Rapp
111 Schätze der Natur rund um den Bodensee, die man gesehen haben muss
ISBN 978-3-95451-619-3

Eva Grubmiller, Martina Neher
111 Schätze der Natur auf der Schwäbischen Alb, die man gesehen haben muss
ISBN 978-3-7408-0248-6

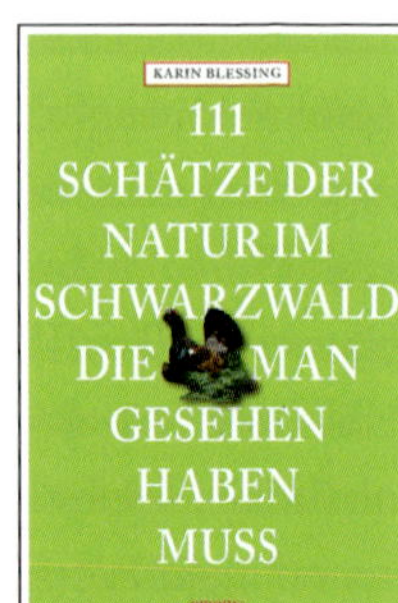

Karin Blessing
111 Schätze der Natur im Schwarzwald, die man gesehen haben muss
ISBN 978-3-95451-701-5

Ulf Annel, Juliane Annel
111 Orte an der Unstrut, die man gesehen haben muss
ISBN 978-3-7408-0347-6

Sina Beerwald
111 Orte auf Sylt, die man gesehen haben muss
ISBN 978-3-7408-1664-3

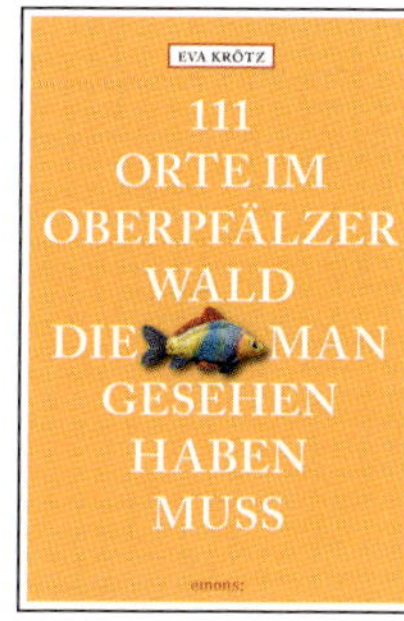

Eva Krötz
111 Orte im Oberpfälzer Wald, die man gesehen haben muss
ISBN 978-3-7408-0331-5

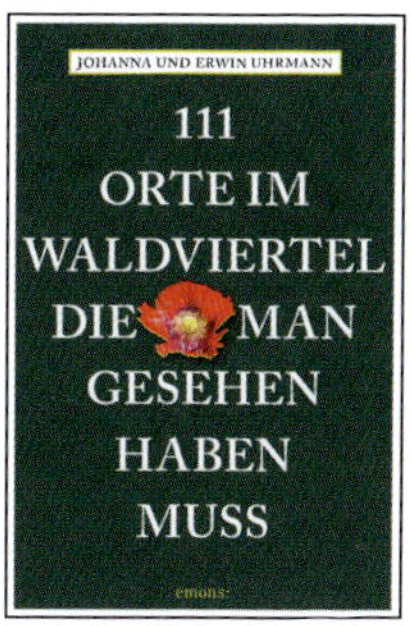

Erwin Uhrmann, Johanna Uhrmann
111 Orte im Waldviertel, die man gesehen haben muss
ISBN 978-3-7408-1666-7

Erwin Ulmer
111 Orte in Ulm, um Ulm und um Ulm herum, die man gesehen haben muss
ISBN 978-3-7408-1482-3

Erwin Ulmer
111 Orte am oberen und mittleren Neckar, die man gesehen haben muss
ISBN 978-3-7408-0364-3

Gabriele Kalmbach
111 Orte im Stuttgarter Umland, die man gesehen haben muss
ISBN 978-3-7408-1651-3

Jana Jürß
111 Orte an der Mecklenburgischen Seenplatte, die man gesehen haben muss
ISBN 978-3-7408-2031-2

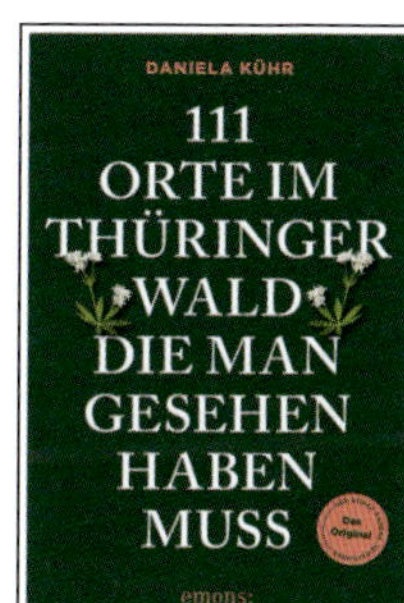

Daniela Kühr
111 Orte im Thüringer Wald, die man gesehen haben muss
ISBN 978-3-7408-2514-0

Kerstin Söder
111 Orte im Fränkischen Seenland, die man gesehen haben muss
ISBN 978-3-7408-1072-6

Marko Roeske
111 Orte im Bayerischen Wald, die man gesehen haben muss
ISBN 978-3-7408-2651-2

Peter Bieg, Angelina Fischer
111 Orte an der Mosel, die man gesehen haben muss
ISBN 978-3-7408-2856-1

Sabine Gruber, Peter Eickhoff
111 Orte in Südtirol, die man gesehen haben muss
ISBN 978-3-7408-1976-7

Paul Stänner
111 Orte in Brandenburg, die uns Geschichte erzählen
ISBN 978-3-7408-2178-4

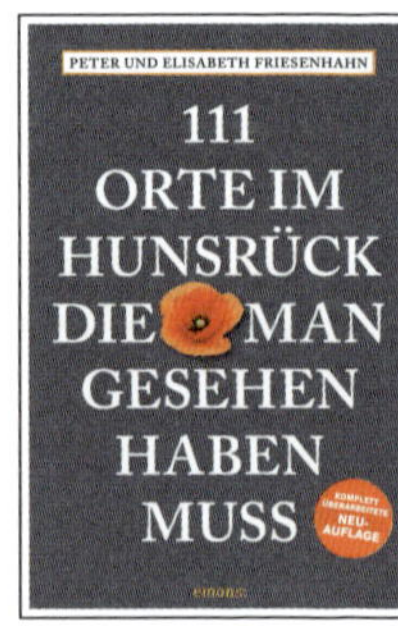

Elisabeth Friesenhahn, Peter Friesenhahn
111 Orte im Hunsrück, die man gesehen haben muss
ISBN 978-3-7408-1090-0

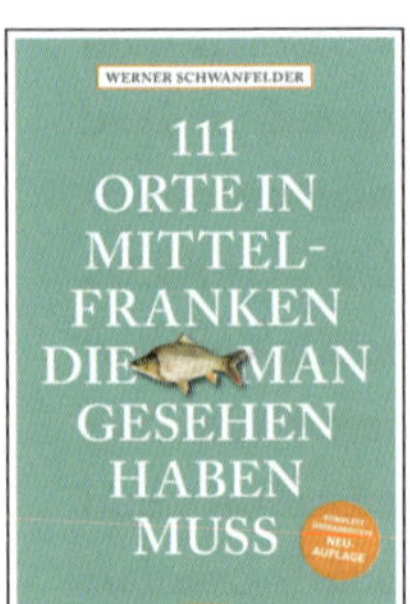

Werner Schwanfelder
111 Orte in Mittelfranken, die man gesehen haben muss
ISBN 978-3-7408-2461-7

Bernd Schinner, René Rabenbauer
111 Orte im Fichtelgebirge, die man gesehen haben muss
ISBN 978-3-7408-0741-2

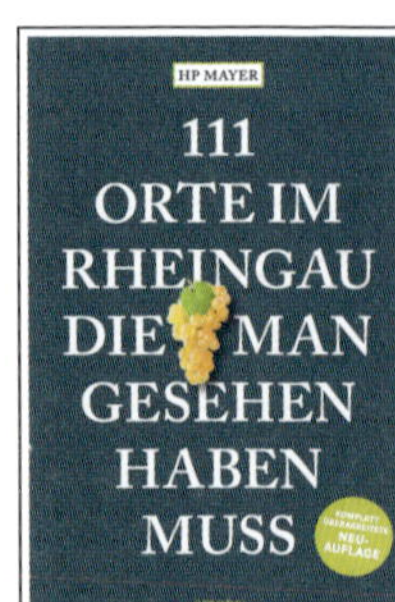

HP Mayer
111 Orte im Rheingau, die man gesehen haben muss
ISBN 978-3-7408-2200-2

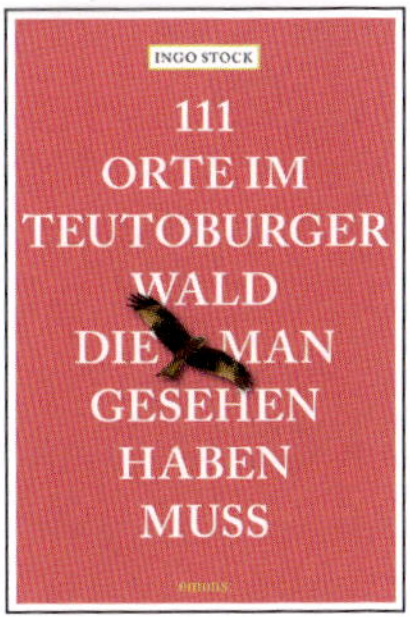

Ingo Stock
111 Orte im Teutoburger Wald, die man gesehen haben muss
ISBN 978-3-7408-1715-2

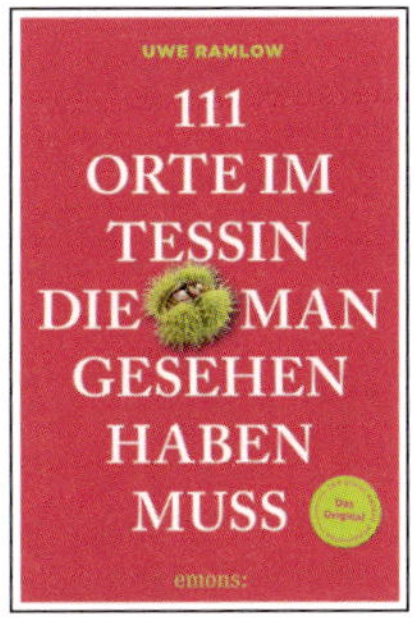

Uwe Ramlow
111 Orte im Tessin, die man gesehen haben muss
ISBN 978-3-7408-2857-8

Barbara Krull
111 Orte am Kaiserstuhl, die man gesehen haben muss
ISBN 978-3-95451-562-2

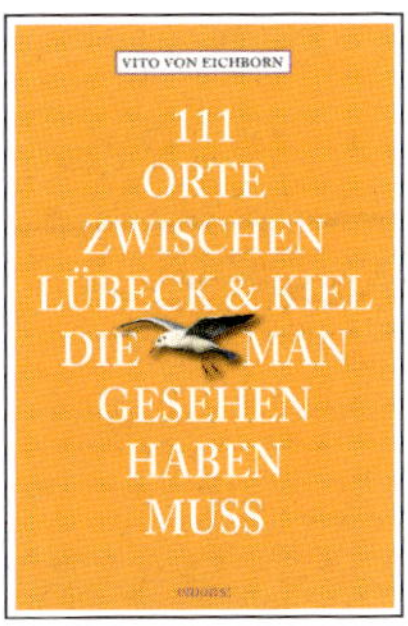

Vito von Eichborn
111 Orte zwischen Lübeck und Kiel, die man gesehen haben muss
ISBN 978-3-95451-339-0

Ottmar Neuburger,
Lisa Graf-Riemann
111 Orte vom Wilden Kaiser bis zum Dachstein, die man gesehen haben muss
ISBN 978-3-7408-0138-0

Ottmar Neuburger,
Lisa Graf-Riemann
111 Orte im Berchtesgadener Land, die man gesehen haben muss
ISBN 978-3-7408-1803-6

Alexandra Schlennstedt,
Jobst Schlennstedt
111 Orte in der Lüneburger Heide, die man gesehen haben muss
ISBN 978-3-7408-2460-0

Ursula Gilbert, Michael Klein
111 Orte im Siebengebirge, die man gesehen haben muss
ISBN 978-3-7408-2557-7

Paul Stänner
111 Orte im Münsterland, die man gesehen haben muss
ISBN 978-3-7408-2260-6

Aufgrund der Vielfalt habe ich mich bei toxischen Inhaltsstoffen, statistischen Werten und Symptomen stets auf die, meiner persönlichen Ansicht nach, wichtigsten oder spannendsten beschränkt. Zudem möge der mörderisch interessierte Leser – und natürlich auch die Leserin – beachten, dass es oft beträchtliche Unterschiede gibt, was die Giftigkeit einer Pflanze betrifft. Je nach Bodenbeschaffenheit, Standort, Höhenlage, klimatischen Verhältnissen, Jahreszeit oder Alter können die einzelnen Werte beträchtlich von der Norm abweichen.

Ähnliches gilt auch für die Auswahl der Fotos, die – entsprechend der saisonalen Verfügbarkeit – nicht nur Wildformen, sondern auch Zuchtvarianten inkludierten.

Achtung: Diese Kriminalgeschichte der Pflanzen versteht sich keinesfalls als Ratgeber für Giftmischer oder Selbstmörder. Die angeführten Mengenangaben sind Durchschnittswerte auf Grundlage empirischer Fallstudien beziehungsweise medizinischer Versuche, der Gehalt an toxischen Inhaltsstoffen kann wie gesagt stark variieren. Außerdem reagieren Kinder, Kranke, Senioren und Haustiere meist weitaus stärker auf pflanzliche Schadstoffe als gesunde, sportlich trainierte Mittvierziger. Also bitte nur lesen, nicht ausprobieren.

Und zum Schluss noch ein ganz dickes Danke an die Pflanzenexpertinnen Martina Schabhüttl (Gartentage im Schloss Kohfidisch) und Julia Wolf (Biohof Wolf Pflanzenraritäten) für ihre herrlich giftigen Gaben und die spannend-lehrreichen Gespräche sowie an DDr. Christian Bachhiesl (Leiter des Kriminalmuseums Graz) für seine unendliche Unterstützung und Expertise.

Fotonachweis

Kapitel 1, 5, 6, 8, 9, 10, 11, 18, 22, 24, 27, 34, 36, 37, 38, 42, 44, 46, 48, 50, 55, 59, 60, 64, 66, 70, 72, 74, 75, 78, 79, 82, 87, 91, 92, 97, 102, 104, 106: pixabay.com; Kapitel 6: shutterstock.com/Olha Solodenko; Kapitel 16: shutterstock.com/rootstock; Kapitel 18: shutterstock.com/guentermanaus; Kapitel 27: shutterstock.com/Iva Vagnerova; Kapitel 31: shutterstock.com/RealityImages; Kapitel 41: Wikimedia Commons/böhringer friedrich; Kapitel 44: Wikimedia Commons/Stefan.lefnaer; Kapitel 52: shutterstock.com/Snezana Vasiljevic; Kapitel 62: shutterstock.com/Katesalin Pagkaihang; Kapitel 63: shutterstock.com/Bildagentur Zoonar GmbH; Kapitel 76: Wikimedia Commons/MurielBendel; Kapitel 77: shutterstock.com/Valentyn Volkov; Kapitel 81: Wikimedia Commons/NPS/Jacob W. Frank: Denali National Park and Preserve; Kapitel 83: Wikimedia Commons/Meneerke bloem; Kapitel 84: Wikimedia Commons/Liné1; Kapitel 88: shutterstock.com/fedsax; Kapitel 95: shutterstock.com/Manfred Ruckszio; Kapitel 99: Wikimedia Commons/böhringer friedrich; Kapitel 107: shutterstock.com/photowind; Kapitel 109: Wikimedia Commons/Vengolis; Kapitel 111: shutterstock.com/Bernd-Udo

Klaudia Blasl kocht gerne und gut, noch lieber befeuert sie allerdings ihre Giftküche. Das Ergebnis ihrer kriminell-kulinarischen Leidenschaft sind schaurig-spannende Kriminalromane (www.damischtal.at) sowie mörderische Abhandlungen über böse Blumen und gemeine Gewächse. Die Österreicherin lebt und mordet überwiegend im Südburgenland, wo sie auch einen eigenen Giftpflanzengarten betreibt.